青海省国家公园气候变化特征

主　编　刘彩红

副主编　李红梅 段丽君 胡亚男

气象出版社
China Meteorological Press

内容简介

近年来，青海加快推进国家公园示范省建设，以国家公园为主体的自然保护地体系基本成形，具有青海特色的国家公园群将更具规模。三江源国家公园和祁连山国家公园作为我国首批设立的国家公园，是我国重点生态功能区和生物多样性保护优先区域，维系了脆弱的生态平衡和经济社会可持续发展，在全国生态文明建设和生态安全保护上发挥着重要作用。本书旨在揭示三江源国家公园和祁连山国家公园最新气候变化特征及其典型生态指标的变化，为国家公园生态文明建设提供科学依据，可供气候变化相关科研、业务人员阅读。

图书在版编目（CIP）数据

青海省国家公园气候变化特征 / 刘彩红主编 ； 李红梅，段丽君，胡亚男副主编. -- 北京 ： 气象出版社，2024.4

ISBN 978-7-5029-8187-7

Ⅰ. ①青… Ⅱ. ①刘… ②李… ③段… ④胡… Ⅲ. ①国家公园—气候变化—青海 Ⅳ. ①P468.244

中国国家版本馆CIP数据核字(2024)第082828号

Qinghai Sheng Guojia Gongyuan Qihou Bianhua Tezheng

青海省国家公园气候变化特征

出版发行：气象出版社

地　　址：北京市海淀区中关村南大街 46 号　　**邮政编码**：100081

电　　话：010-68407112(总编室)　010-68408042(发行部)

网　　址：http://www.qxcbs.com　　**E-mail**：qxcbs@cma.gov.cn

责任编辑：王　迪　　**终　　审**：吴晓鹏

责任校对：张硕杰　　**责任技编**：赵相宁

封面设计：艺点设计

印　　刷：北京建宏印刷有限公司

开　　本：787 mm×1092 mm　1/16　　**印　　张**：3.75

字　　数：96 千字

版　　次：2024 年 4 月第 1 版　　**印　　次**：2024 年 4 月第 1 次印刷

定　　价：40.00 元

编　委　会

主　编： 刘彩红

副主编： 李红梅　段丽君　胡亚男

编　委： 白彦芳　张　璐　李欣玲　董少睿　李漠雨

余　迪　陶世银　冯晓莉　马有绚　时盛博

王紫文　东元祯　祝存兄　赵　形

前言

国家公园的建立是党的十八届三中全会提出的重点改革任务之一，是我国生态文明制度建设的重要内容。三江源国家公园和祁连山国家公园作为我国首批设立的国家公园，是我国重点生态功能区和生物多样性保护优先区域，维系了脆弱的生态平衡和经济社会可持续发展，在全国生态文明建设和生态安全保护方面发挥着重要作用。国家公园积极统筹生态系统治理，保护生物多样性，大力推进以国家公园为主体的自然保护地体系建设；遵照人与自然生命共同体理念，坚持绿色发展，统筹跨区域生态保护与建设，强化山水林田湖草系统保护与修复，促进生态保护与民生改善协同联动，形成人与自然和谐发展新格局。

近年来，受全球气候变暖和人类活动增加等多种因素的影响，国家公园冰川退缩、雪线上升，"固体水库"作用减弱，水源涵养功能逐渐弱化；生物多样性面临威胁，自然生态系统不稳定性加大，气候生态环境脆弱性和风险水平增长。为此，新形势下，开展了国家公园及其附近地区气候变化监测工作，启动了《青海省国家公园气候变化特征》的编制工作，力求系统、客观地反映国家公园气候变化的最新研究进展，为切实推进国家公园生态保护与修复、保障区域生态文明建设及实现区域社会经济绿色发展提供必需的科技支撑。

《青海省国家公园气候变化特征》系统地描述了国家公园的基本气候要素变化事实，并对气象灾害的变化特征进行分析，评估了气候变化对生态指标的影响，从而有效提升国家公园生态文明建设和生态气候安全的决策与管理能力。

本书共分为两部分，前言由刘彩红编写；第一部分为三江源国家公园气候变化特征(1961—2021年)，由李红梅、胡亚男、段丽君、白彦芳、张璐、余迪、陶世银、时盛博、马有绚、东元祯编写；第二部分为祁连山国家公园(青海)气候变化特征(1961—2022年)，由段丽君、胡亚男、白彦芳、李欣玲、董少睿、李漠雨、冯晓莉、王紫文、祝存兄、赵彤编写。

作者

2023年12月

目　录

第二部分　祁连山国家公园(青海)气候变化特征 (1961—2022年)

说明

第一部分

三江源国家公园气候变化特征

（1961—2021 年）

说　明

1. 资料来源与说明

本部分气象资料来源于青海省气象信息中心。

本部分“常年值”是指 1991—2020 年 30 a 平均值。

蒸发量采用彭曼公式进行计算。

气候生产潜力采用周广胜模型进行计算。

植被覆盖度利用遥感监测 MOD13A3 产品的 NDVI 值反演。

本部分区域划分：三江源区包括贵南、同德、尖扎、泽库、同仁、沱沱河、治多、杂多、曲麻莱、玉树、玛多、清水河、玛沁、甘德、达日、河南、久治、囊谦、班玛、五道梁、共和、贵德、兴海 23 个气象台站；黄河源园区包括玛多气象站；长江源园区包括五道梁和沱沱河气象站；长江源园区包括杂多气象站。

2. 名词说明

冷昼日数：日最高气温小于 10%分位值的日数。

冰封日数：一年中日最高气温低于 0 ℃的日数。

最长持续干期：日降水量小于 1 mm 的最大持续日数。

暴雨日数：日降水量大于或等于 50 mm 的日数。

第 1 章　基本气候要素变化

三江源国家公园地处青藏高原的腹地，包括长江源、黄河源、澜沧江源 3 个园区，平均海拔 4500 m 以上，属青藏高原大陆性气候。三江源国家公园高寒生态系统典型独特、脆弱敏感、类型多样，高寒湿地生态系统具有重要的水源涵养功能，也是多种野生动植物的重要栖息地。高寒荒漠生态系统主要分布于唐古拉山北麓及可可西里，植被稀疏，结构单一，十分脆弱，对气候变化响应敏感。近年来，该区域气候条件发生了显著变化，并且气候变化所带来的影响日益凸显。为科学合理地利用青海高原气候资源，趋利避害，提高应对气候变化的能力，该部分阐述了气温、降水、风速、蒸发等基本气候要素变化事实，在此基础上，详细分析了极端冷、暖事件及雪灾、大风、冰雹等主要气象灾害的变化特征，评估了对最大积雪深度、气候生产潜力等典型生态指标的影响，并从大气环流角度分析了影响该区域的气候变化因子。

1.1　气温

1.1.1　平均气温

1.1.1.1　三江源区年平均气温

1961—2021 年三江源区年平均气温为 1.0 ℃，呈显著增温趋势，平均每 10 a 升高 0.33 ℃。1998 年以来增温趋势明显增强，1961—1997 年升温率为 0.09 ℃·(10 a)$^{-1}$，1998—2021 年升温率达 0.32 ℃·(10 a)$^{-1}$，1997 年前后两个时期平均气温升高了 1.25 ℃。2021 年三江源平均气温为 2.1 ℃，较常年偏高 0.6 ℃（图 1.1a）。

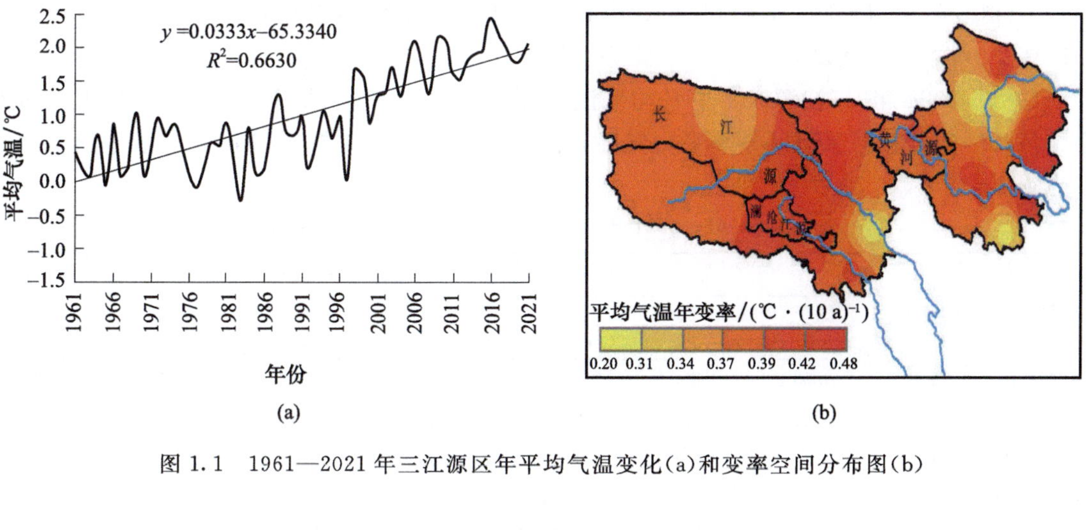

(a)　　(b)

图 1.1　1961—2021 年三江源区年平均气温变化(a)和变率空间分布图(b)

三江源区各地年平均气温变率在 0.20 ～0.48 ℃·(10 a)$^{-1}$，其中治多、泽库等地升温率较大，在 0.43 ℃·(10 a)$^{-1}$以上，而贵南、玉树等地升温率相对较小，在 0.30 ℃·(10 a)$^{-1}$以下(图 1.1b)。

1.1.1.2 园区年平均气温

1961—2021 年，黄河源园区和澜沧江源园区年平均气温升温率较大，分别为 0.40 ℃·(10 a)$^{-1}$和 0.38 ℃·(10 a)$^{-1}$，长江源园区相对较低为 0.35 ℃·(10 a)$^{-1}$。与常年相比，2021 年黄河源园区、长江源园区和澜沧江源园区年平均气温分别偏高 0.7 ℃、0.6 ℃和 0.9 ℃(图 1.2a,b,c)。

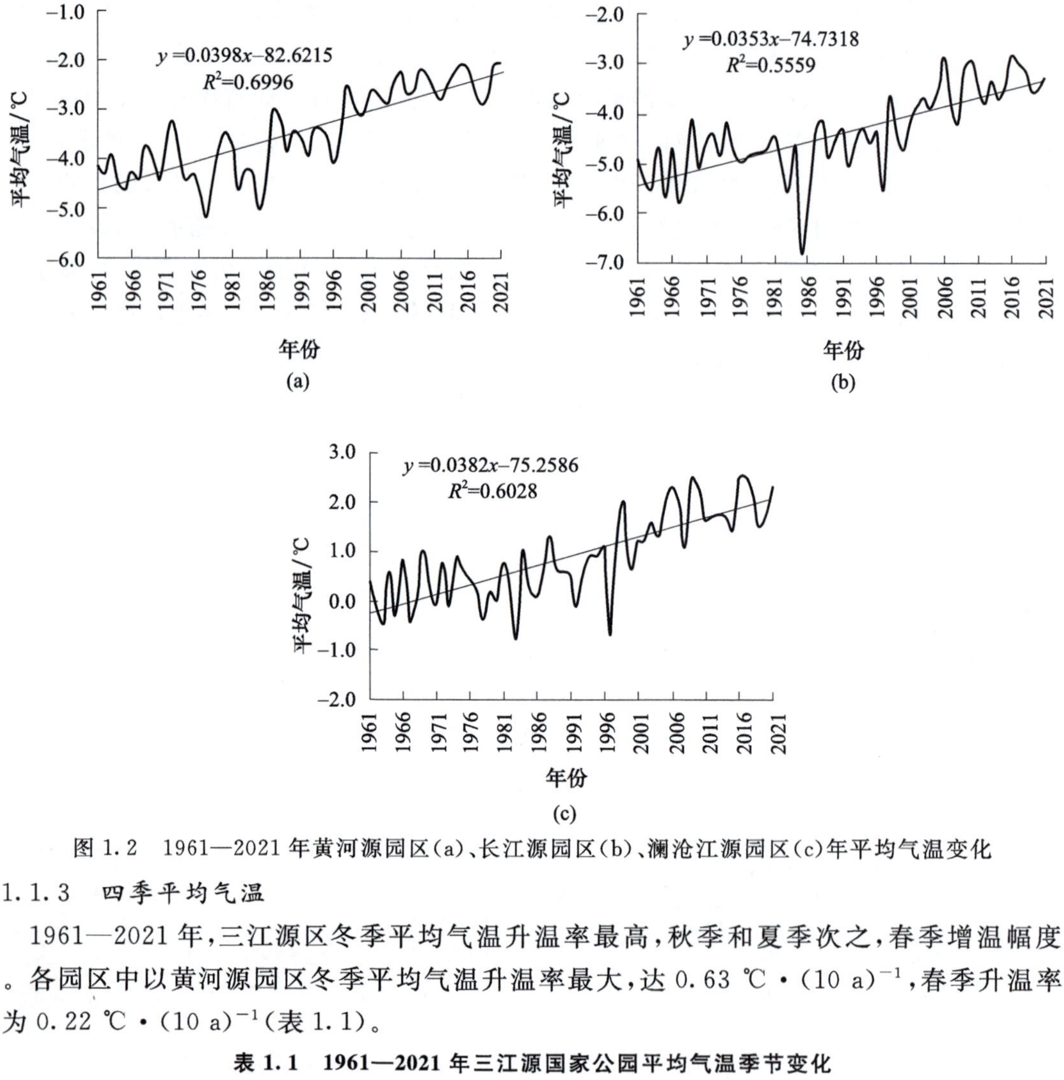

图 1.2 1961—2021 年黄河源园区(a)、长江源园区(b)、澜沧江源园区(c)年平均气温变化

1.1.1.3 四季平均气温

1961—2021 年，三江源区冬季平均气温升温率最高，秋季和夏季次之，春季增温幅度最小。各园区中以黄河源园区冬季平均气温升温率最大，达 0.63 ℃·(10 a)$^{-1}$，春季升温率最小为 0.22 ℃·(10 a)$^{-1}$(表 1.1)。

表 1.1 1961—2021 年三江源国家公园平均气温季节变化

区域	春季		夏季		秋季		冬季	
	平均值/℃	变率/(℃·(10 a)$^{-1}$)	平均值/℃	变率/(℃·(10 a)$^{-1}$)	平均值/℃	变率/(℃·(10 a)$^{-1}$)	平均值/℃	变率/(℃·(10 a)$^{-1}$)
三江源全区	−0.8	0.23	8.5	0.33	−0.9	0.44	−11.5	0.51
黄河源园区	−3.0	0.22	6.9	0.29	−3.2	0.42	−14.7	0.63
长江源园区	−4.3	0.24	5.9	0.29	−4.2	0.46	−14.9	0.44
澜沧江源园区	1.1	0.23	10.2	0.32	1.3	0.44	−9.2	0.54

1.1.2　平均最高气温

1.1.2.1　三江源区年平均最高气温

1961—2021 年，三江源区年平均最高气温为 9.1 ℃，升温率为 0.26 ℃·(10 a)$^{-1}$。1998 年以来最高气温明显升高，1998—2021 年平均值较 1961—1997 年平均值上升了 1.1 ℃。2021 年三江源区年平均最高气温为 9.9 ℃，较常年偏高 0.3 ℃（图 1.3a）。

1961—2021 年，三江源区各地年平均最高气温呈增暖趋势，基本呈中部升温率高、东部和西部升温率相对较低的态势，其中甘德、曲麻莱、清水河等地升温幅度较大，平均每 10 a 升高 0.36～0.52 ℃；同德、五道梁、久治等地升温幅度相对较小，在 0.22 ℃·(10 a)$^{-1}$ 以下（图 1.3b）。

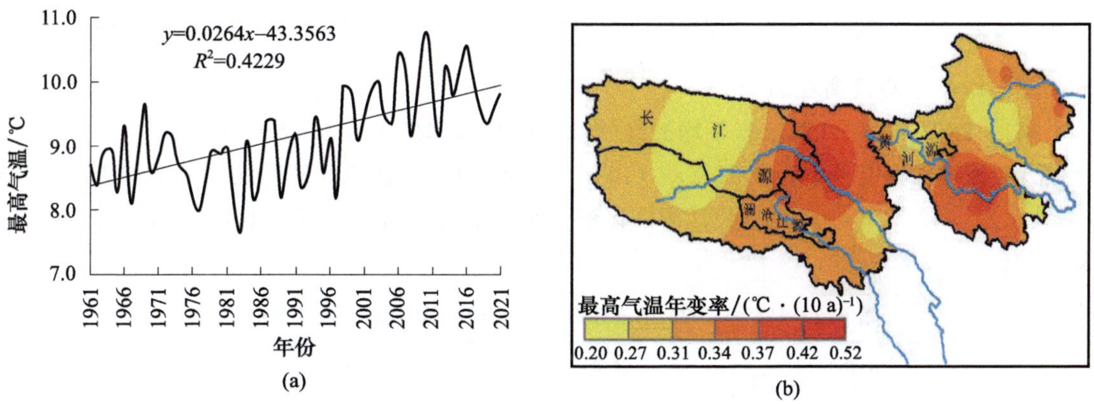

图 1.3　1961—2021 年三江源区年平均最高气温变化(a)和变率空间分布图(b)

1.1.2.2　园区年平均最高气温

1961—2021 年，黄河源园区、长江源园区和澜沧江源园区年平均最高气温均呈显著升高趋势，升温率分别为 0.25 ℃·(10 a)$^{-1}$、0.23 ℃·(10 a)$^{-1}$ 和 0.30 ℃·(10 a)$^{-1}$。由图 1.4 可以看出，1998 年以来三个园区年平均最高气温升高明显，前后两个时段分别相差 1.2 ℃、0.9 ℃和 1.2 ℃。2021 年黄河源园区、长江源园区和澜沧江源园区年平均最高气温分别为 5.0 ℃、4.0 ℃和 9.8 ℃，较常年分别偏高 0.6 ℃、0.1 ℃和 0.9 ℃。

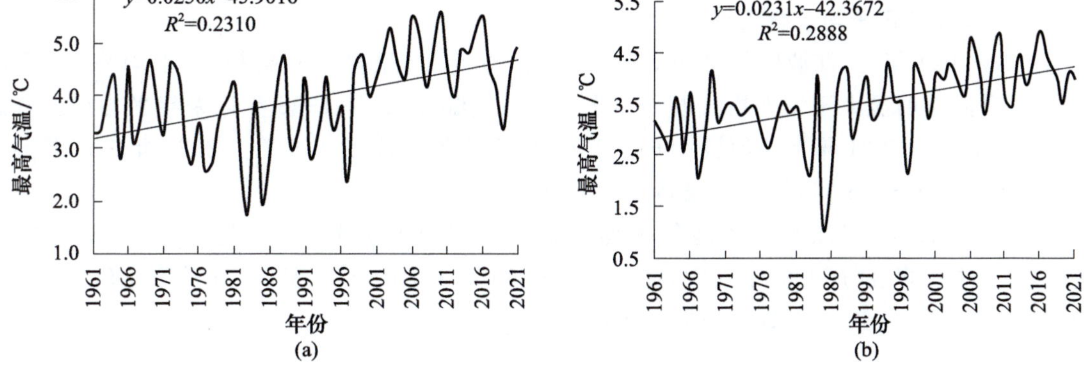

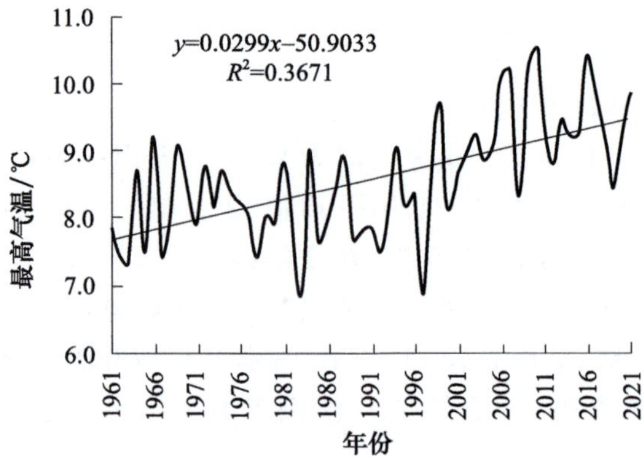

图 1.4 1961—2021 年黄河源园区(a)、长江源园区(b)、澜沧江源园区(c)年平均最高气温变化

1.1.2.3 四季平均最高气温

1961—2021 年，三江源区年平均最高气温冬季升温率最大为 0.42 ℃·$(10\ a)^{-1}$，秋季和夏季次之，春季增温幅度最小为 0.13 ℃·$(10\ a)^{-1}$。各园区中，澜沧江源园区冬季平均最高气温升温率最大为 0.45 ℃·$(10\ a)^{-1}$，长江源园区春季平均最高气温升温率最小为 0.08 ℃·$(10\ a)^{-1}$(表 1.2)。

表 1.2 1961—2021 年三江源国家公园平均最高气温季节变化

区域	春季		夏季		秋季		冬季	
	平均值/℃	变率/(℃·$(10\ a)^{-1}$)	平均值/℃	变率/(℃·$(10\ a)^{-1}$)	平均值/℃	变率/(℃·$(10\ a)^{-1}$)	平均值/℃	变率/(℃·$(10\ a)^{-1}$)
三江源全区	7.1	0.13	15.4	0.29	7.1	0.35	−2.3	0.42
黄河源园区	4.5	0.19	13.1	0.23	4.0	0.31	−5.8	0.35
长江源园区	3.9	0.08	12.7	0.20	3.6	0.32	−6.0	0.33
澜沧江源园区	8.7	0.09	17.1	0.30	9.2	0.33	−0.7	0.45

1.1.3 平均最低气温

1.1.3.1 三江源区平均最低气温

1961—2021 年，三江源区年平均最低气温为−5.5 ℃，呈显著升高趋势，平均每10 a升高 0.43 ℃，升温率明显大于年平均气温和年平均最高气温，尤其是 1998 年以来年平均最低气温快速升高，1998—2021 年平均值较 1961—1997 年平均值升高了 1.5 ℃。2021 年三江源区年平均最低气温为−4.6 ℃，较常年偏高 0.3 ℃(图 1.5a)。

1961—2021 年，三江源区各地年平均最低气温呈升高趋势，平均每 10 a 升高 0.25～0.66 ℃，其中治多、泽库升温率最大，在 0.61～0.66 ℃·$(10\ a)^{-1}$，班玛、玉树等地升温率相对较小，在 0.30 ℃·$(10\ a)^{-1}$以下(图 1.5b)。

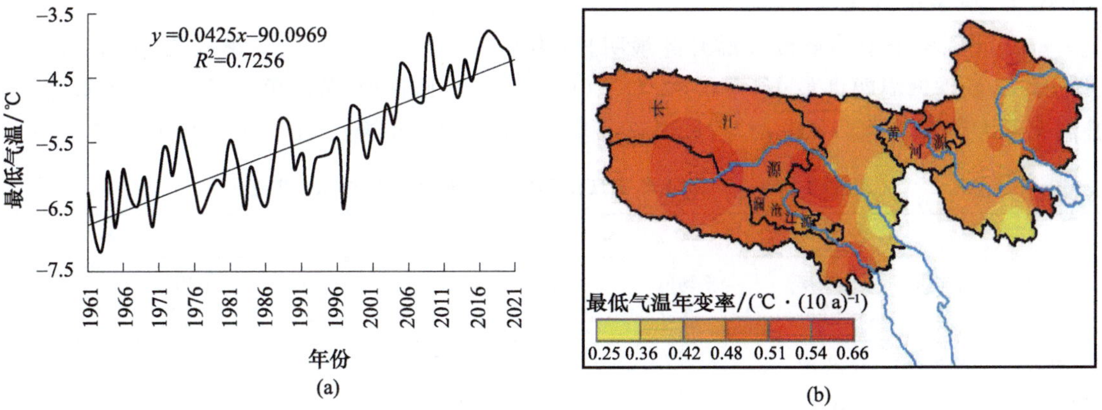

图 1.5　1961—2021 年三江源区年平均最低气温变化(a)和变率空间分布图(b)

1.1.3.2　园区平均最低气温

1961—2021 年，黄河源园区、长江源园区和澜沧江源园区年平均最低气温均呈显著升高趋势，升温率分别为 0.52 ℃ · $(10\ a)^{-1}$、0.50 ℃ · $(10\ a)^{-1}$ 和 0.43 ℃ · $(10\ a)^{-1}$。2021 年三者平均最低气温分别为 −8.1 ℃、−9.7 ℃和 −4.2 ℃，较常年分别偏高 0.5 ℃、0.4 ℃和 0.3 ℃(图 1.6)。

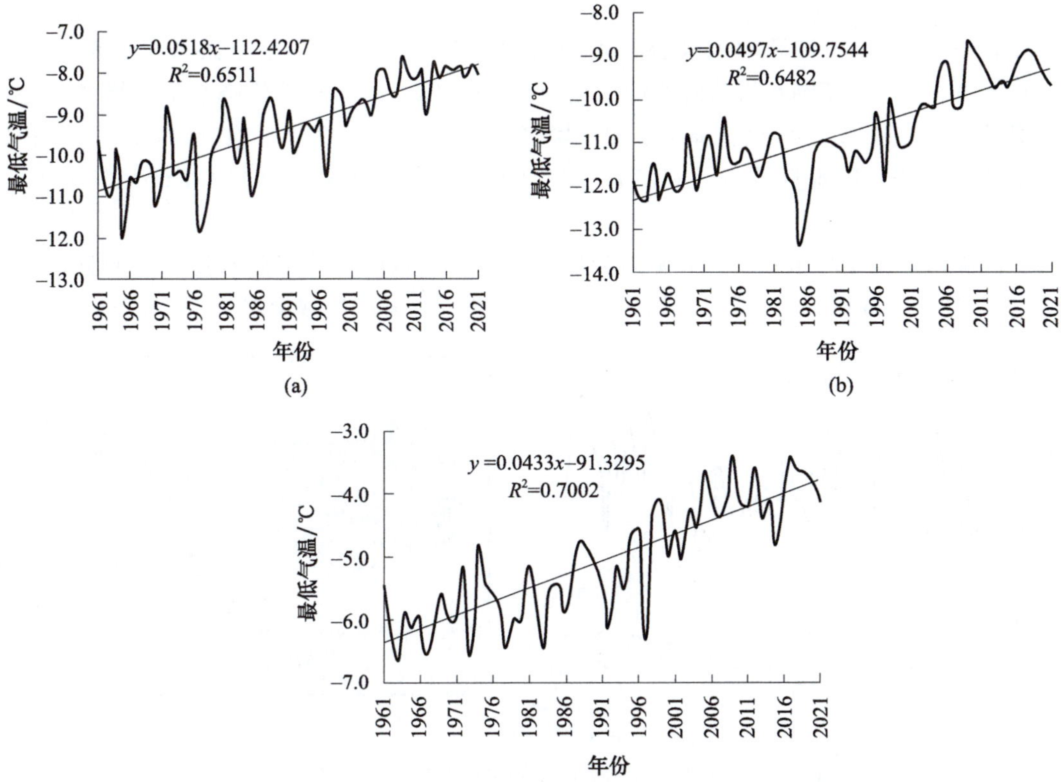

图 1.6　1961—2021 年黄河源园区(a)、长江源园区(b)、澜沧江源园区(c)年平均最低气温变化

1.1.3.3 四季平均最低气温

三江源区冬季平均最低气温升高最明显，为 0.56 ℃・$(10\ a)^{-1}$，春季次之，为 0.47 ℃・$(10\ a)^{-1}$，夏季增温幅度最小，为 0.09 ℃・$(10\ a)^{-1}$。各园区中，黄河源园区春季平均最低气温升温率最大为 0.65 ℃・$(10\ a)^{-1}$，长江源园区夏季升温率最小为 0.11 ℃・$(10\ a)^{-1}$（表 1.3）。

表 1.3 1961—2021 年三江源国家公园平均最低气温季节变化

区域	春		夏		秋		冬	
	平均值/℃	变率/(℃・$(10\ a)^{-1}$)	平均值/℃	变率/(℃・$(10\ a)^{-1}$)	平均值/℃	变率/(℃・$(10\ a)^{-1}$)	平均值/℃	变率/(℃・$(10\ a)^{-1}$)
三江源区	−8.38	0.47	−7.70	0.09	−7.07	0.31	−19.07	0.56
黄河源园区	−10.37	0.65	−9.42	0.17	−8.75	0.30	−21.87	0.64
长江源园区	−11.68	0.53	−10.96	0.11	−10.32	0.32	−22.37	0.54
澜沧江源园区	−5.82	0.42	−5.37	0.13	−4.54	0.30	−16.11	0.58

1.2 降水量

1.2.1 三江源区年降水量

1961—2021 年，三江源国家公园平均年降水量为 457.8 mm，呈略微增多趋势，平均每 10 a 增多 9.8 mm。年降水量的阶段性变化明显，20 世纪 60—80 年代降水量呈增多趋势，90 年代明显减少，进入 21 世纪后，降水量明显增多。与 1961—2002 年平均值（441.7 mm）相比，2003—2021 年平均降水量增多了 11.7%。2021 年三江源区降水量为 441.4 mm，较常年偏少 5.6%（图 1.7a）。

三江源区各地年降水量变化趋势差异较大，五道梁、贵南等地年降水量增多明显，平均每 10 a 增多 17.6 mm 以上，而河南、贵德等地变化趋势不明显或呈减少趋势（图 1.7b）。

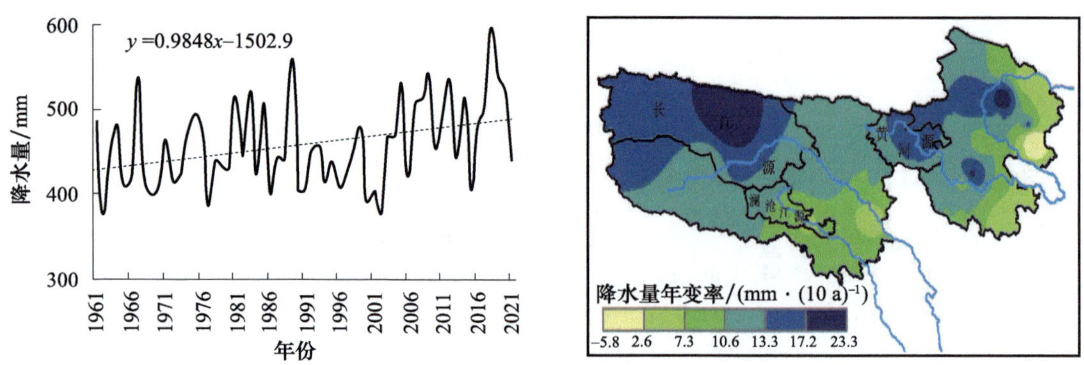

(a) (b)

图 1.7 1961—2021 年三江源地区年降水量变化(a)和变率空间分布图(b)

1.2.2　各园区年降水量

1961—2021 年，各园区年降水量均呈增多趋势，长江源园区和黄河源园区变化趋势相对明显，平均每 10 a 分别增多 17.5 mm 和 15.7 mm，澜沧江源园区增多率相对较小为 9.8 mm·$(10\ a)^{-1}$。2021 年黄河源园区、长江源园区和澜沧江源园区年降水量分别为 353.0 mm、357.2 mm 和 423.9 mm，较常年分别偏多 0.5%、9.9%和减少 21.3%（图 1.8）。

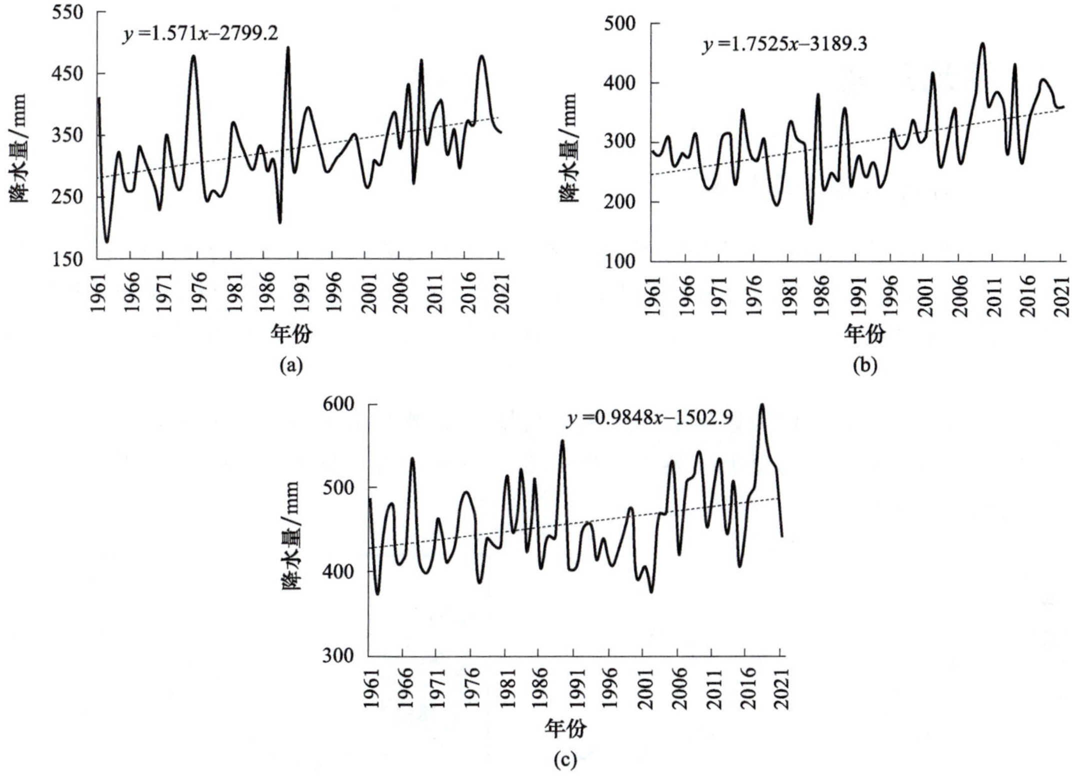

图 1.8　1961—2021 年黄河源园区(a)、长江源园区(b)、澜沧江源园区(c)年降水量变化

1.2.3　四季降水量

从各园区季节降水量的变率来看，长江源园区夏季降水量增多最明显，增多速率为 11.0 mm·$(10\ a)^{-1}$，其他区域和季节降水量变率均在 10.0 mm·$(10\ a)^{-1}$ 以下，其中澜沧江源园区夏季降水量呈减少趋势，平均每 10 a 减少 0.7 mm（表 1.4）。

表 1.4　1961—2021 年三江源国家公园降水量季节变化

区域	春		夏		秋		冬	
	平均值/mm	变率/(mm·$(10\ a)^{-1}$)	平均值/mm	变率/(mm·$(10\ a)^{-1}$)	平均值/mm	变率/(mm·$(10\ a)^{-1}$)	平均值/mm	变率/(mm·$(10\ a)^{-1}$)
三江源区	59.1	6.0	260.9	5.9	91.3	4.0	9.5	0.8
黄河源园区	49.5	4.5	197.2	8.0	71.2	3.2	9.5	0.8

续表

区域	春		夏		秋		冬	
	平均值/mm	变率/(mm·(10 a)$^{-1}$)	平均值/mm	变率/(mm·(10 a)$^{-1}$)	平均值/mm	变率/(mm·(10 a)$^{-1}$)	平均值/mm	变率/(mm·(10 a)$^{-1}$)
长江源园区	32.3	4.7	205.4	11.0	55.0	3.1	4.0	0.3
澜沧江源园区	74.4	7.0	328.4	−0.7	116.6	0.1	17.1	2.1

1.3 平均风速

1.3.1 三江源区年平均风速

1969—2021 年，三江源区年平均风速为 2.3 m·s^{-1}，总体呈显著减小趋势，平均每 10 a 减小 0.15 m·s^{-1}，1997 年为分析时段内最小值(1.89 m·s^{-1})。进入 21 世纪后年平均风速略有增大，且变化平稳。2021 年三江源区年平均风速为 1.99 m·s^{-1}，较常年减小 0.09 m·s^{-1}(图 1.9a)。

近 53 a，除同仁和玉树地区年平均风速平均每 10 a 增大 0.02～0.05 m·s^{-1}外，其余地区均呈减小趋势，减小率平均每 10 a 在 0.02～0.20 m·s^{-1}，其中同德、贵南、曲麻莱等地减小幅度相对较大(图 1.9b)。

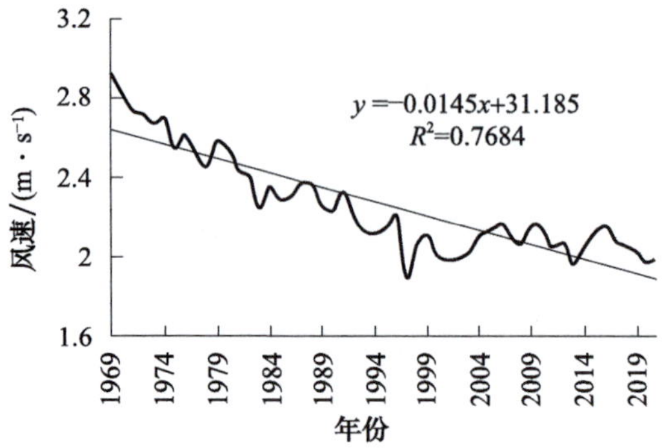

(a)

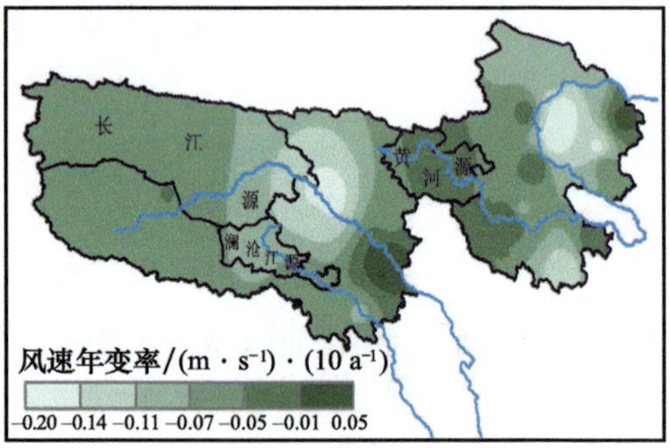

(b)

图 1.9 1969—2021 年三江源地区年平均风速变化(a)和变率空间分布图(b)

1.3.2 园区年平均风速

1969—2021 年，黄河源园区、长江源园区和澜沧江源园区年平均风速均呈减小趋势，平均每 10 a 分别减小 0.15 m·s^{-1}、0.24 m·s^{-1}和 0.11 m·s^{-1}。20 世纪 90 年代后期以来，黄河源园区和长江源园区年平均风速略有增大，澜沧江源园区年平均风速增大明显。2021 年黄河源园区、长江源园区年平均风速分别为 2.75 m·s^{-1}、3.66 m·s^{-1}，较常年偏小 0.15 m·s^{-1}和 0.24 m·s^{-1}；2021 年澜沧江源园区平均风速为 1.95 m·s^{-1}，较常年偏大 0.24 m·s^{-1}(图 1.10)

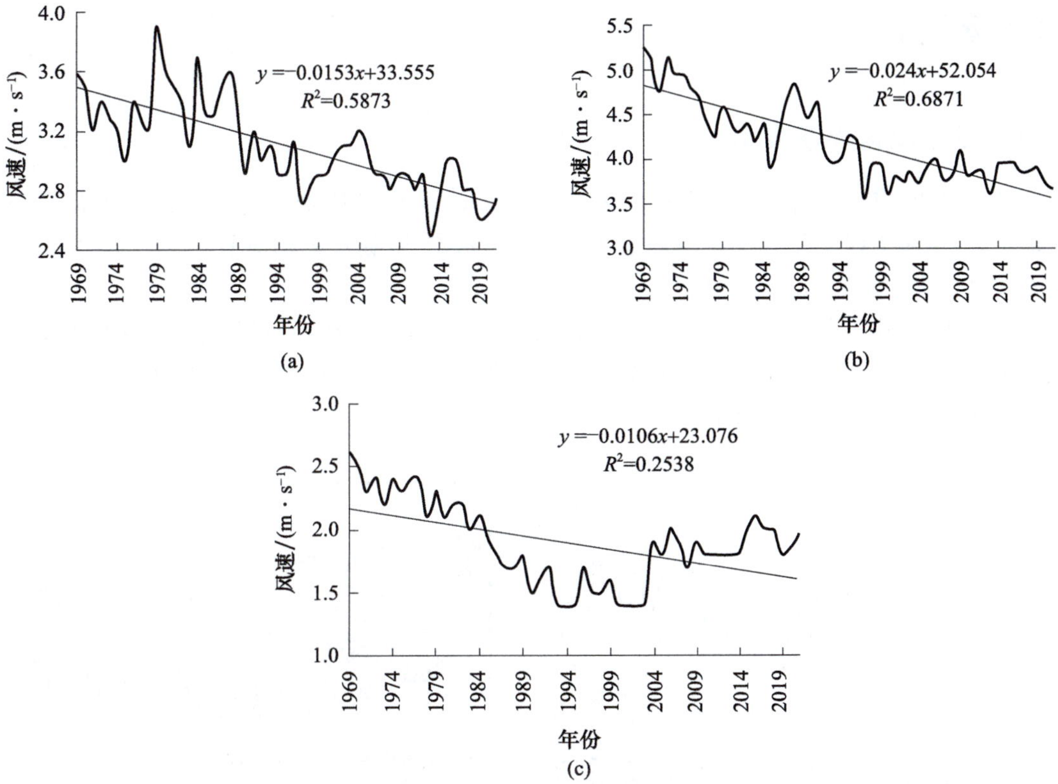

图 1.10　1969—2021 年黄河源园区(a)、长江源园区(b)、澜沧江源园区(c)年平均风速变化

1.3.3　四季平均风速

1969—2021 年，三江源区四季平均风速均呈减小趋势，冬季和春季减小较明显，平均每 10 a分别减小 0.10 m·s^{-1}和 0.08 m·s^{-1}。从各园区四季平均风速变率可以看出，澜沧江源园区春季平均风速减小趋势最明显，平均每 10 a 减小 0.14 m·s^{-1}；黄河源园区春季平均风速增大趋势最明显，平均每 10 a 增大 0.09 m·s^{-1}（表 1.5）。

表 1.5　1961—2021 年三江源国家公园平均风速季节变化

区域	春		夏		秋		冬	
	平均值/(m·s^{-1})	变率/(m·s^{-1}·(10 a)$^{-1}$)	平均值/(m·s^{-1})	变率/(m·s^{-1}·(10 a)$^{-1}$)	平均值/(m·s^{-1})	变率/(m·s^{-1}·(10 a)$^{-1}$)	平均值/(m·s^{-1})	变率/(m·s^{-1}·(10 a)$^{-1}$)
三江源区	4.92	−0.08	4.85	−0.05	2.18	−0.06	2.70	−0.10
黄河源园区	5.71	0.09	5.84	0.05	2.68	−0.01	2.60	−0.04
长江源园区	7.86	0.01	7.71	0.03	3.46	−0.06	4.86	−0.10
澜沧江源园区	3.58	−0.14	3.51	−0.06	1.72	−0.04	1.97	−0.11

1.4 蒸发量

1.4.1 三江源区年蒸发量

1961—2021 年，三江源区年蒸发量为 837.9 mm，呈略微增加趋势，增加率为 5.0 mm·(10 a)$^{-1}$。2006 年以来年蒸发量增加趋势明显，但 2021 年蒸发量相对较低，为 827.3 mm，较常年偏少 2.3%(图 1.11a)。

三江源区各地年蒸发量变化趋势差异较大，同仁、同德、尖扎等地年蒸发量增加明显，变化率在 16.8～20.9 mm·(10 a)$^{-1}$；贵南、班玛等地年蒸发量呈减小趋势，减小率为 −18.9～−8.0 mm·(10 a)$^{-1}$(图 1.11b)。

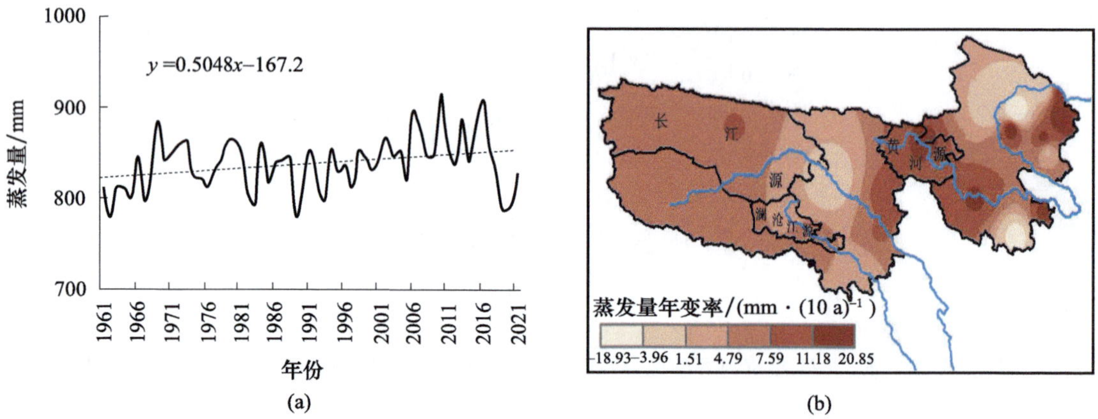

图 1.11 1961—2021 年三江源区年蒸发量变化(a)和变率空间分布图(b)

1.4.2 园区年蒸发量

1961—2021 年黄河源园区、长江源园区、澜沧江源园区年蒸发量均呈不明显增加趋势，增加率分别为 13.8 mm·(10 a)$^{-1}$、6.7 mm·(10 a)$^{-1}$和 5.2 mm·(10 a)$^{-1}$。三个园区 2021 年蒸发量均相对较小，分别为 784.6 mm、759.0 mm 和 851.7 mm，较常年分别偏小 3.3%、4.9 %和 1.8%(图 1.12)。

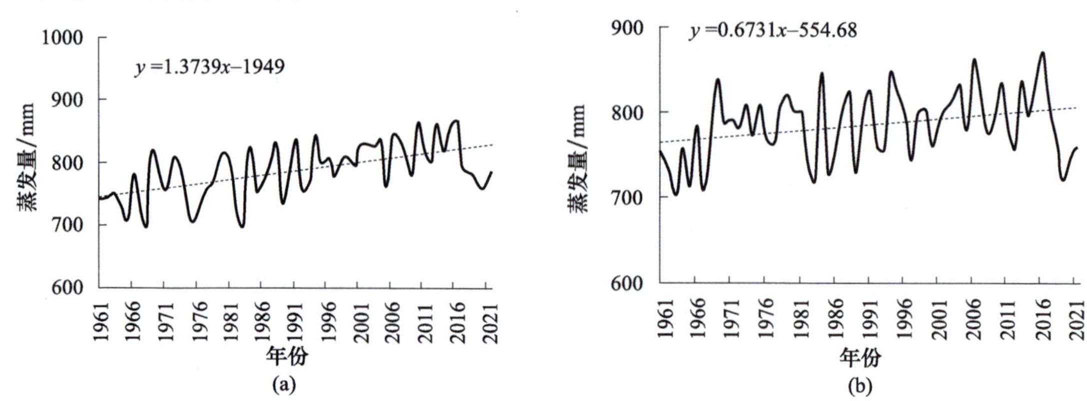

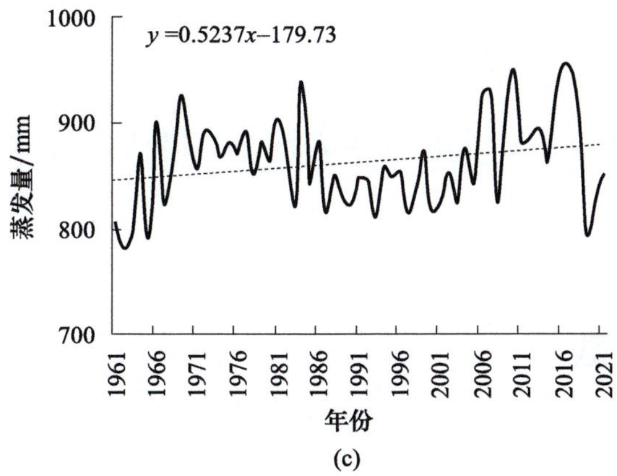

图 1.12　1961—2021 年黄河源园区(a)、长江源园区(b)、澜沧江源园区(c)年蒸发量变化

1.4.3　四季蒸发量

从季节变化来看，三江源国家公园四季蒸发量均呈不明显增加趋势，冬季增加相对明显，变率为 6.3 mm·$(10\ a)^{-1}$。除澜沧江源园区春季蒸发量呈略微减少外，其余园区四季蒸发量增加幅度在 0.4～13.7 mm·$(10\ a)^{-1}$，其中黄河源园区冬季蒸发量增幅最大(表 1.6)。

表 1.6　1961—2021 年三江源国家公园蒸发量季节变化

区域	春		夏		秋		冬	
	平均值/mm	变率/(mm·$(10\ a)^{-1}$)	平均值/mm	变率/(mm·$(10\ a)^{-1}$)	平均值/mm	变率/(mm·$(10\ a)^{-1}$)	平均值/mm	变率/(mm·$(10\ a)^{-1}$)
三江源区	268.0	0.7	357.7	1.1	204.9	1.2	106.0	6.3
黄河源园区	254.9	12.0	357.1	10.0	193.6	11.7	86.0	13.7
长江源园区	249.6	1.0	344.3	0.4	196.0	1.9	100.8	6.7
澜沧江源园区	275.4	−0.9	367.9	2.3	221.4	1.9	113.3	5.2

第 2 章　极端气候事件变化特征

2.1　极端气候指数

2.1.1　冷昼日数

1961—2021 年，三江源区冷昼日数呈显著减少趋势，平均每 10 a 减少 3.4 d。1998 年以来，冷昼日数显著减少，1998—2021 年平均较 1961—1997 年平均减少 14.0 d。2021 年三江源区冷昼日数平均为 22 d，较常年减少 8.4 d(图 2.1a)。

黄河源园区、长江源园区和澜沧江源园区冷昼日数均呈显著减少趋势，变化率分别为 3.3 d·$(10\ a)^{-1}$、3.2 d·$(10\ a)^{-1}$和 4.7 d·$(10\ a)^{-1}$。1998—2021 年三者平均值较 1961—1997 年平均值分别减少 16.8 d、12.6 d 和 20.2 d。2021 年黄河源园区、长江源园区和澜沧江源园区冷昼日数分别为 21 d、25 d 和 19 d，较常年分别减少 9.2 d、6.5 d 和 11.5 d(图 2.1b、c、d)。

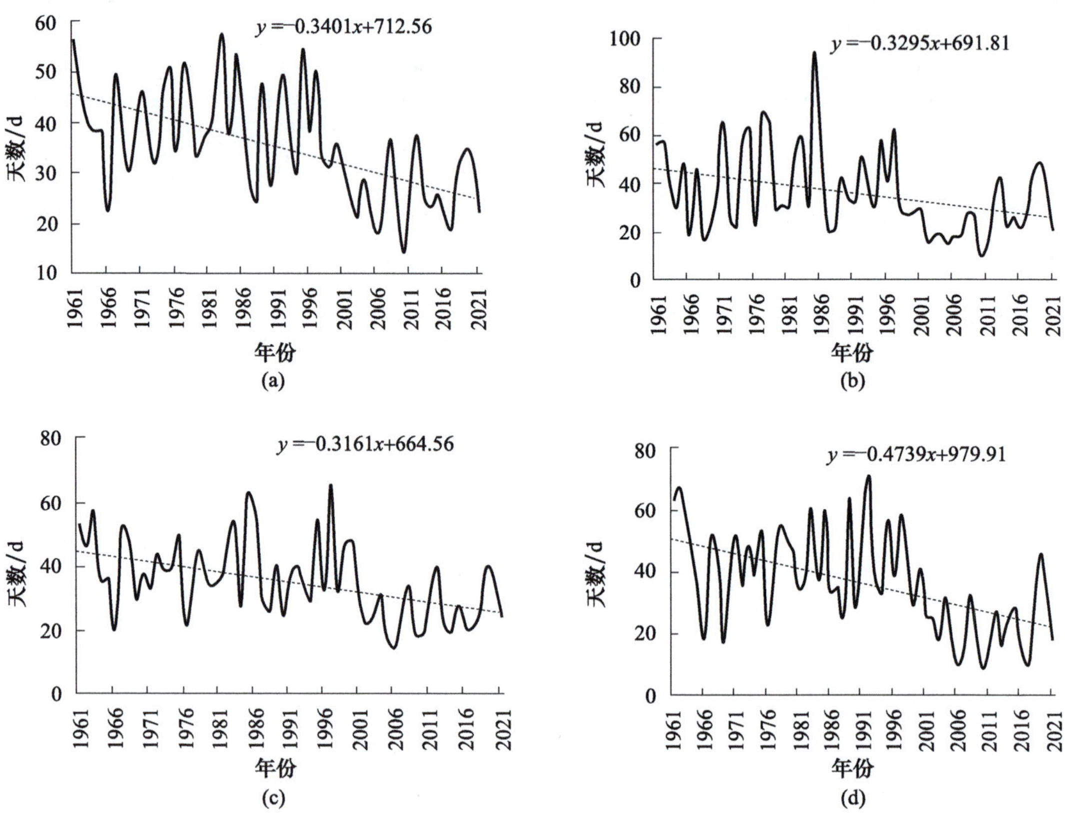

图 2.1　1961—2021 年三江源区(a)、黄河源园区(b)、长江源园区(c)、澜沧江源园区(d)冷昼日数变化

2.1.2　冰封日数

1961—2021 年，三江源区冰封日数呈明显减少趋势，平均每 10 a 减少 2.9 d。1998 年以来，冰封日数显著减少，1998—2021 年平均值较 1961—1997 年平均值减少 12.9 d。2021 年三江源区冰封日数平均为 46 d，较常年减少 8.6 d(图 2.2a)。

黄河源园区、长江源园区和澜沧江源园区冰封日数均呈显著减少趋势，变化率分别为 3.0 d·(10 a)$^{-1}$、3.8 d·(10 a)$^{-1}$和 5.8 d·(10 a)$^{-1}$。1998—2021 年三者平均值较 1961—1997 年平均值分别减少 15 d、13 d 和 23.3 d。2021 年黄河源园区、长江源园区和澜沧江源园区冰封日数分别为 120 d、118 d 和 31 d，较常年分别减少 2.1 d、9.4 d 和 20.6 d(图 2.2b、c、d)。

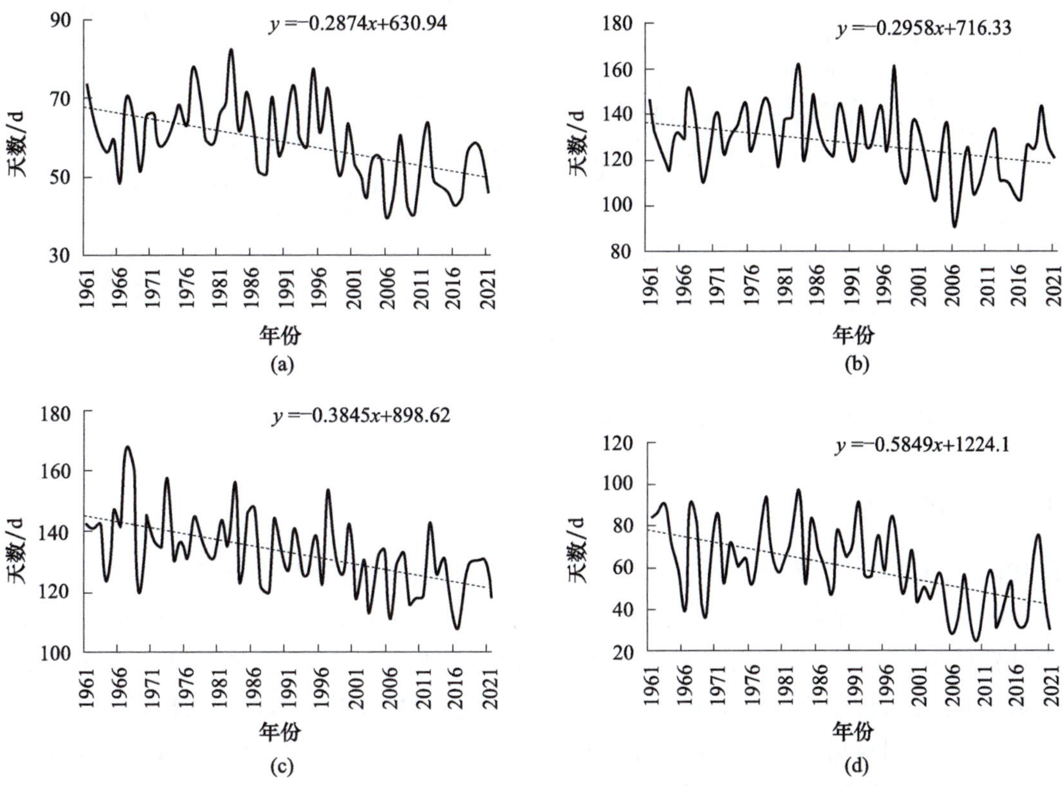

图 2.2　1961—2021 年三江源区(a)、黄河源园区(b)、长江源园区(c)、澜沧江源园区(d)冰封日数变化

2.1.3　最长持续干期

1961—2021 年，三江源区最长持续干期呈略微减小趋势，平均每 10 a 减少 1.2 d。2021 年三江源区最长持续干期平均为 64 d，较常年增加 5.8 d(图 2.3a)。

黄河源园区、长江源园区和澜沧江源园区最长持续干期均呈略微减少趋势，变化率分别为 1.9 d·(10 a)$^{-1}$、3.0 d·(10 a)$^{-1}$和 1.6 d·(10 a)$^{-1}$。2021 年黄河源园区最长持续干期为 47 d，较常年减少 9.5 d；长江源园区和澜沧江源园区最长持续干期分别为 89 d 和 69 d，较常年分别增加 2.1 d 和 21.6 d(图 2.3b、c、d)。

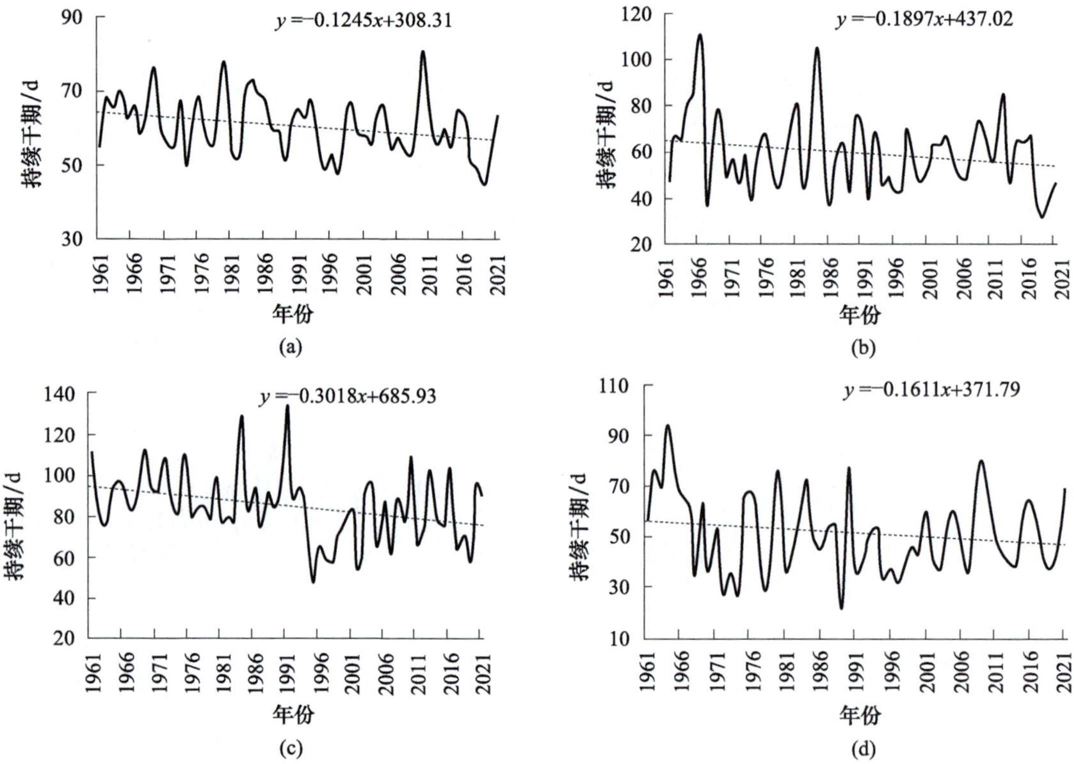

图 2.3　1961—2021 年三江源区(a)、黄河源园区(b)、长江源园区(c)、澜沧江源园区(d)持续干期变化

2.1.4　暴雨日数

1961—2021 年，三江源区各站累计暴雨日数呈略微增加趋势，平均每 10 a 增加 1.0 d，2016 年以来暴雨日数明显增多，尤其是 2018 年全区累计发生暴雨日数为 48 d，为分析时段内发生日数最多的年份。2021 年三江源区累计暴雨日数为 30 d，较常年增加 11.7 d(图 2.4a)。

黄河源园区、长江源园区和澜沧江源园区暴雨日数总体变化趋势均不明显，但黄河源园区自 2016 年以来明显增多，2016 年暴雨日数最多为 3 d；长江源园区和澜沧江源园区暴雨日数变化较为平稳。2021 年黄河源、长江源和澜沧江源三个园区暴雨日数分别为 2 d、1 d 和 1 d，较常年分别偏多 1.7 d、0.2 d 和 0.4 d(图 2.4b、c、d)。

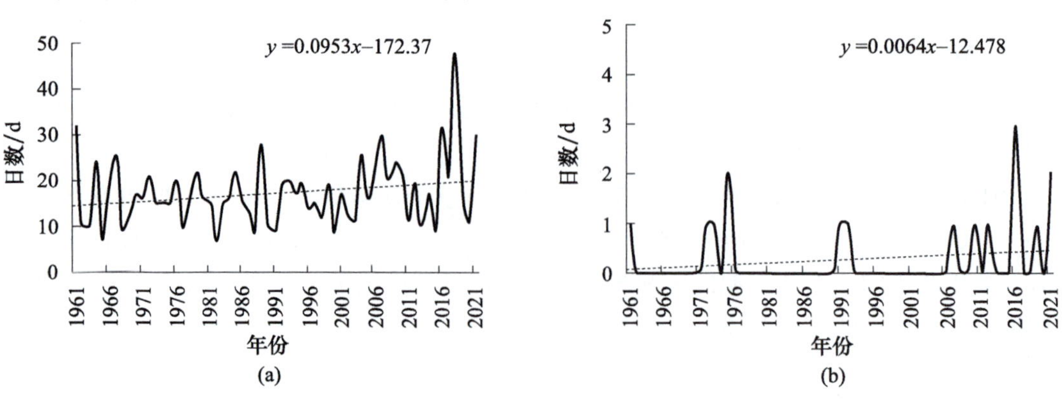

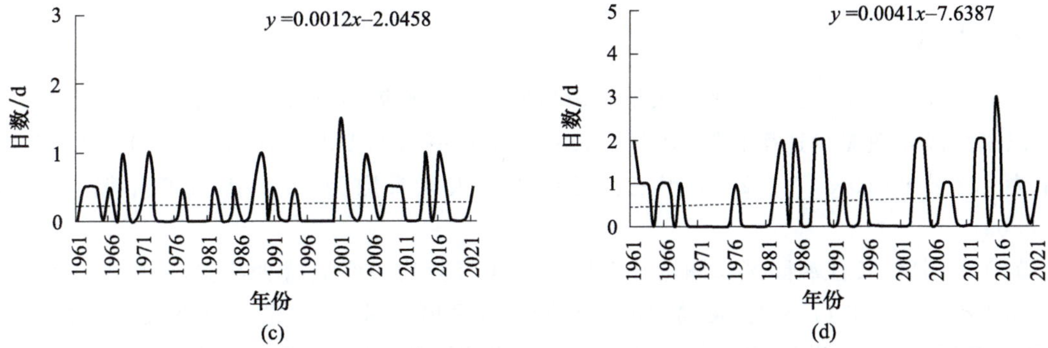

图 2.4　1961—2021 年三江源区(a)、黄河源园区(b)、长江源园区(c)、澜沧江源园区(d)暴雨日数变化

2.2　主要气象灾害

2.2.1　雪灾

1961—2021 年，三江源区各站累计雪灾次数呈略微增加趋势，平均每 10 a 增加 0.9 次，20 世纪 90 年代中期和进入 21 世纪以来雪灾发生次数相对较多。2021 年三江源区共发生 12 次雪灾，较常年偏多 2.8 次(图 2.5a)。

黄河源园区、长江源园区和澜沧江源园区雪灾次数总体均呈微弱增加趋势，但黄河源园区 2009 年以来雪灾发生较为频繁。2021 年黄河源、长江源和澜沧江源三个园区雪灾发生次数分别为 1 次、0 次和 1 次(图 2.5b、c、d)。

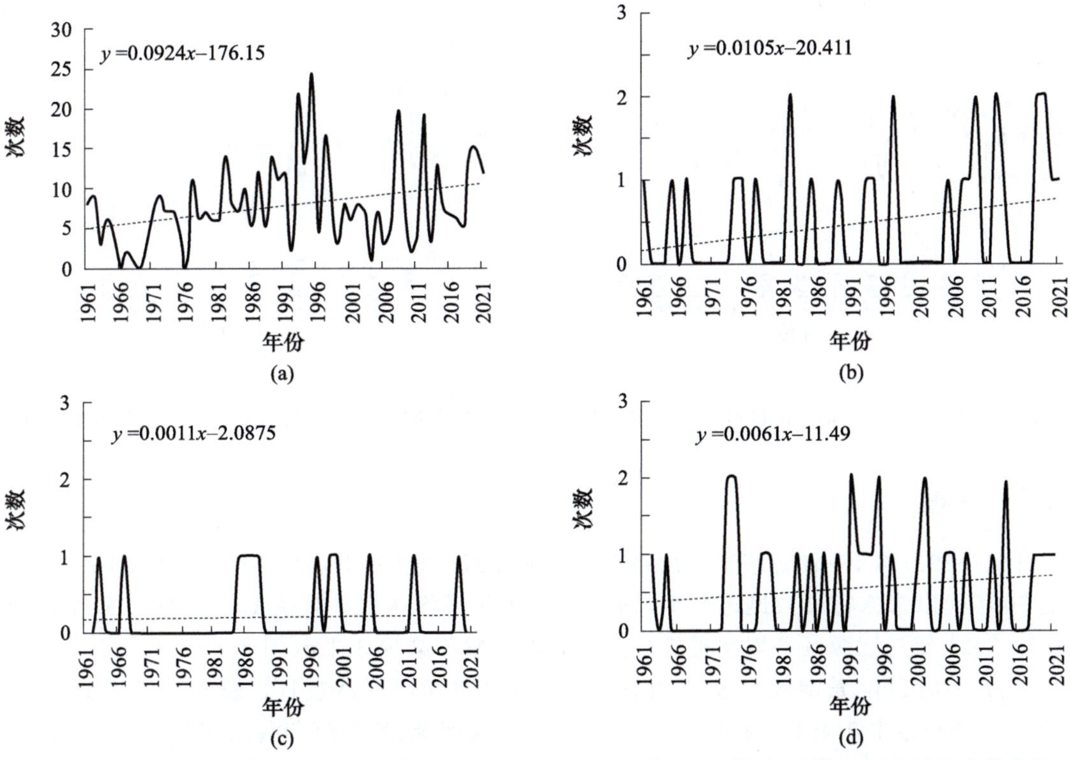

图 2.5　1961—2021 年三江源区(a)、黄河源园区(b)、长江源园区(c)、澜沧江源园区(d)雪灾次数变化

2.2.2 大风

1969—2021 年，三江源区平均大风日数呈明显减少趋势，平均每 10 a 减少 7.6 d，进入 21 世纪以来大风日数减少速率趋缓，1969—2000 年减小率为 9.1 d·(10 a)$^{-1}$，2001—2021 年减小率为 4.8 d·(10 a)$^{-1}$。2021 年三江源区平均大风日数为 24.8 d，较常年偏少 15.3 d（图 2.6a）。

黄河源园区、长江源园区和澜沧江源园区大风日数均呈明显减少趋势，平均每 10 a 分别减少 6.4 d、6.4 d 和 11.5 d。黄河源园区和澜沧江源园区进入 21 世纪以来大风日数略有增多，长江源园区除 20 世纪 80 年代后期至 90 年代前期外，其余时段大风日数变化较为平稳。2021 年黄河源、长江源和澜沧江源三个园区大风日数分别为 42 d、108 d 和 35 d，较常年分别偏少 6.3 d、27.4 d 和 2.2 d(图 2.6b、c、d)。

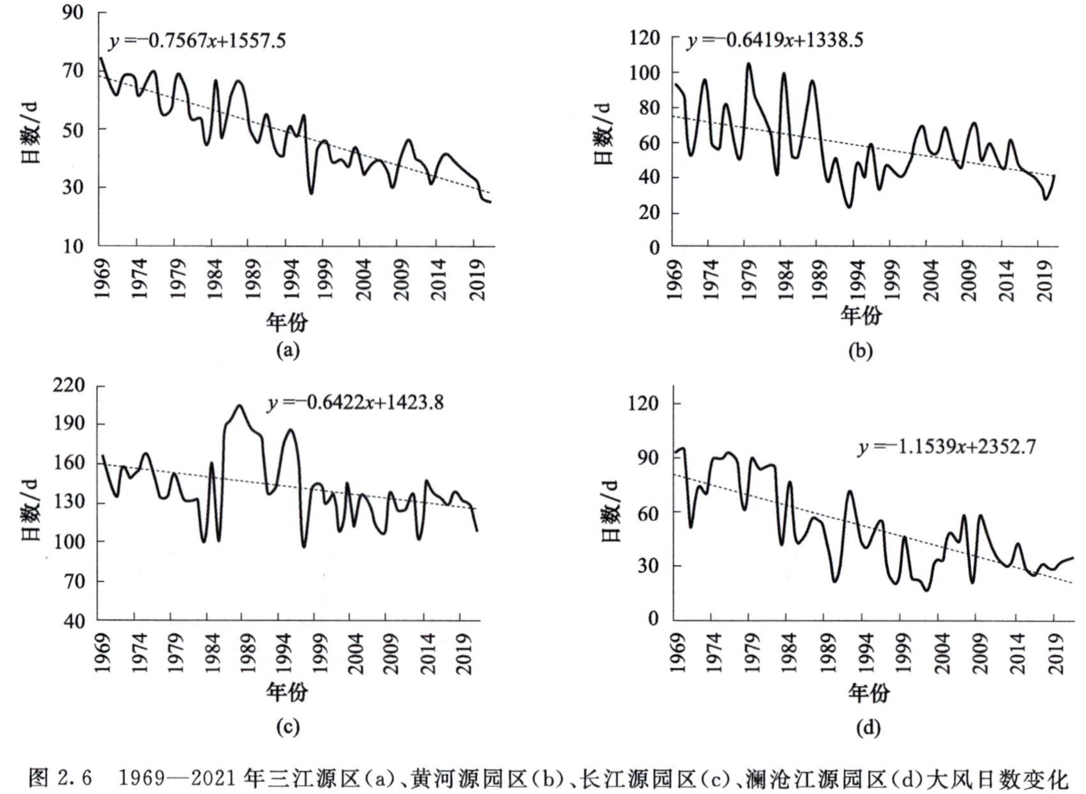

图 2.6 1969—2021 年三江源区(a)、黄河源园区(b)、长江源园区(c)、澜沧江源园区(d)大风日数变化

2.2.3 冰雹

1961—2021 年，三江源区平均冰雹日数呈明显减少趋势，平均每 10 a 减少 1.4 d，进入 20 世纪 90 年代以来冰雹日数迅速减少，1991—2021 年平均冰雹日数较 1961—1990 年平均减少 4.7 d。2021 年三江源区平均冰雹日数为 4.2 d，较常年减少 3.4 d(图 2.7a)。

1961—2021 年，黄河源园区、长江源园区和澜沧江源园区冰雹日数总体均呈减少趋势，平均每 10 a 分别减少 0.4 d、2.1 d 和 3.6 d。2021 年黄河源、长江源和澜沧江源三个园区大风日数分别为 6 d、2 d 和 4 d，较常年分别偏少 1.0 d、8.7 d 和 5.4 d(图 2.7b、c、d)。

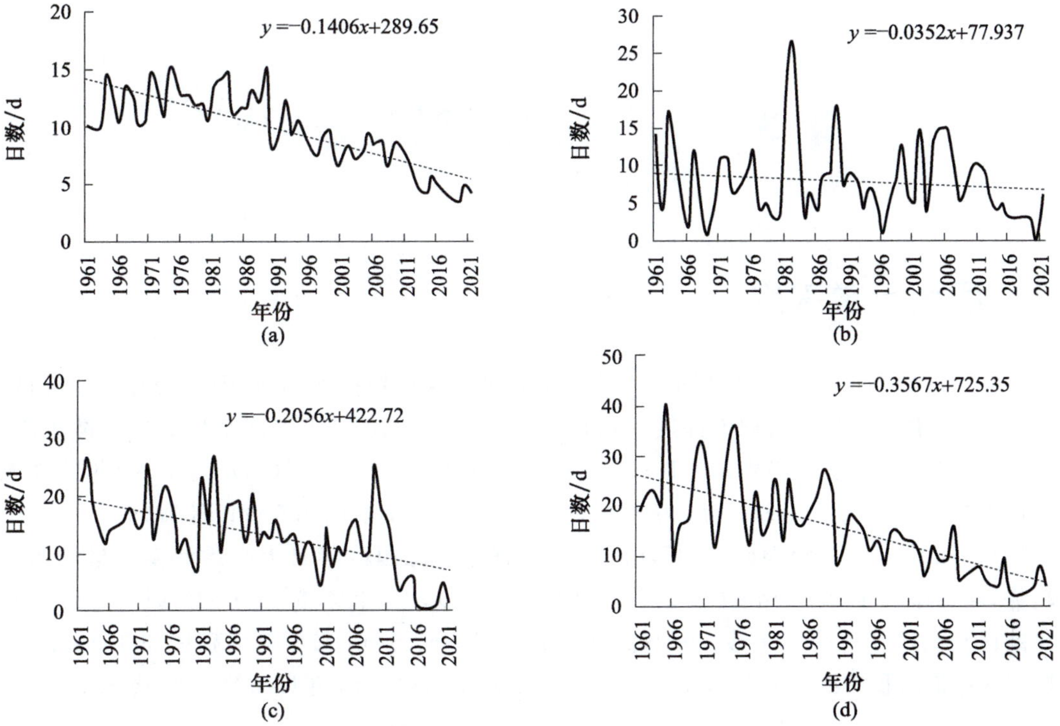

图 2.7 1961—2021 年三江源区(a)、黄河源园区(b)、长江源园区(c)、澜沧江源园区(d)冰雹日数变化

第 3 章　三江源气候生态指标

3.1　最大积雪深度

1961—2021 年，三江源区平均最大积雪深度线性变化趋势不明显，但阶段性变化明显，20 世纪 80 年代中期以前最大积雪深度呈增加趋势，20 世纪 80 年代中期至世纪末呈减小趋势，进入 21 世纪以来呈增加趋势，2001—2021 年增加率为 1.5 cm·$(10\ a)^{-1}$。2021 年三江源区平均最大积雪深度为 9.5 cm，为分析时段内最大值，较常年增加 2.5 cm（图 3.1a）。

1961—2021 年，黄河源园区、长江源园区和澜沧江源园区年最大积雪深度均呈不明显增加趋势，增加率分别 0.6 cm·$(10\ a)^{-1}$、0.01 cm·$(10\ a)^{-1}$和 0.5 cm·$(10\ a)^{-1}$。2021 年黄河源园区和澜沧江源园区年最大积雪深度分别为 11 cm、15 cm，较常年分别增加 3 cm、6 cm，长江源园区年最大积雪深度为 17.5 cm，较常年增加 12 cm，列 1961 年以来第二位（图 3.1b、c、d）。

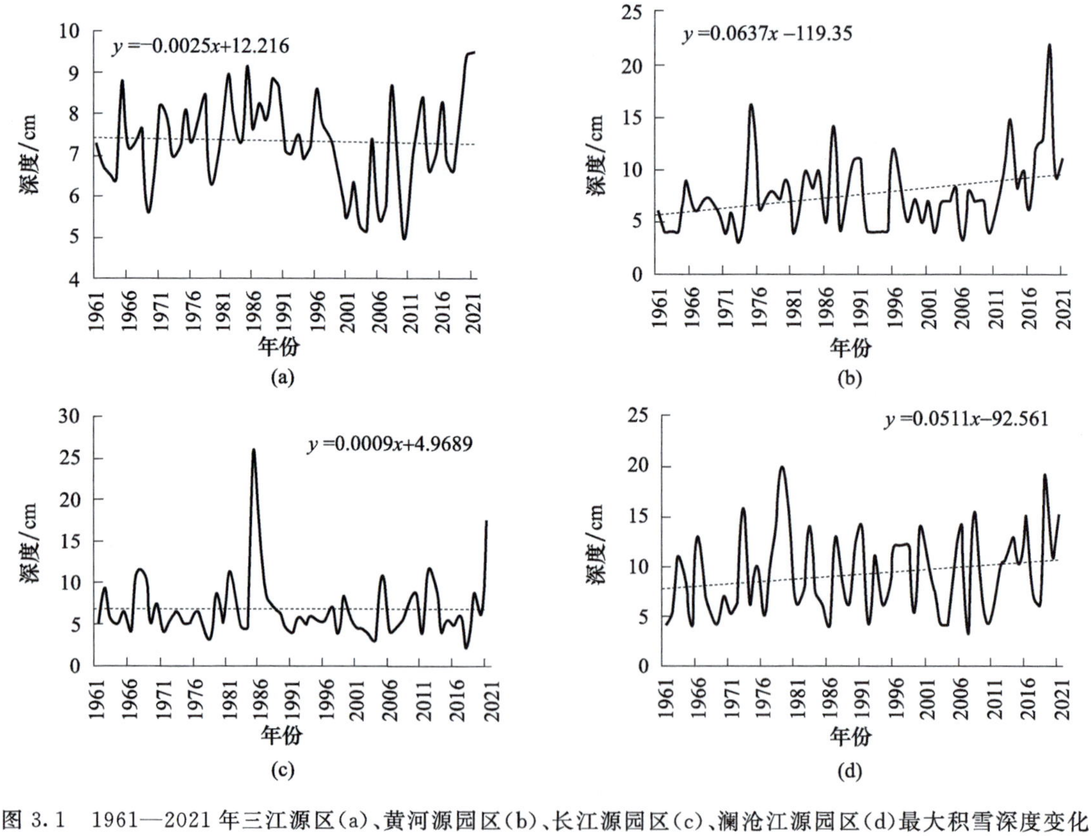

图 3.1　1961—2021 年三江源区（a）、黄河源园区（b）、长江源园区（c）、澜沧江源园区（d）最大积雪深度变化

3.2　年最大冻土深度

1981—2021 年，三江源区平均最大冻土深度呈显著减小趋势，平均每 10 a 减小 8.4 cm，尤其是 2017 年以来最大冻土深度持续偏小，2017—2021 年平均最大冻土深度较 1981—2016 年平均偏小 22.8 cm。2021 年三江源区平均最大冻土深度为 116.9 cm，较常年减小 10.3 cm（图 3.2a）。

1981—2021 年，黄河源园区和澜沧江源园区年最大冻土深度均呈显著减小趋势，减小率分别 5.7 cm・$(10\ a)^{-1}$和 14.6 cm・$(10\ a)^{-1}$。2021 年黄河源园区和澜沧江源园区年最大冻土深度分别为 208 cm 和 109 cm，较常年分别减小 2.9cm 和 24.5 cm（图 3.1b、c）。

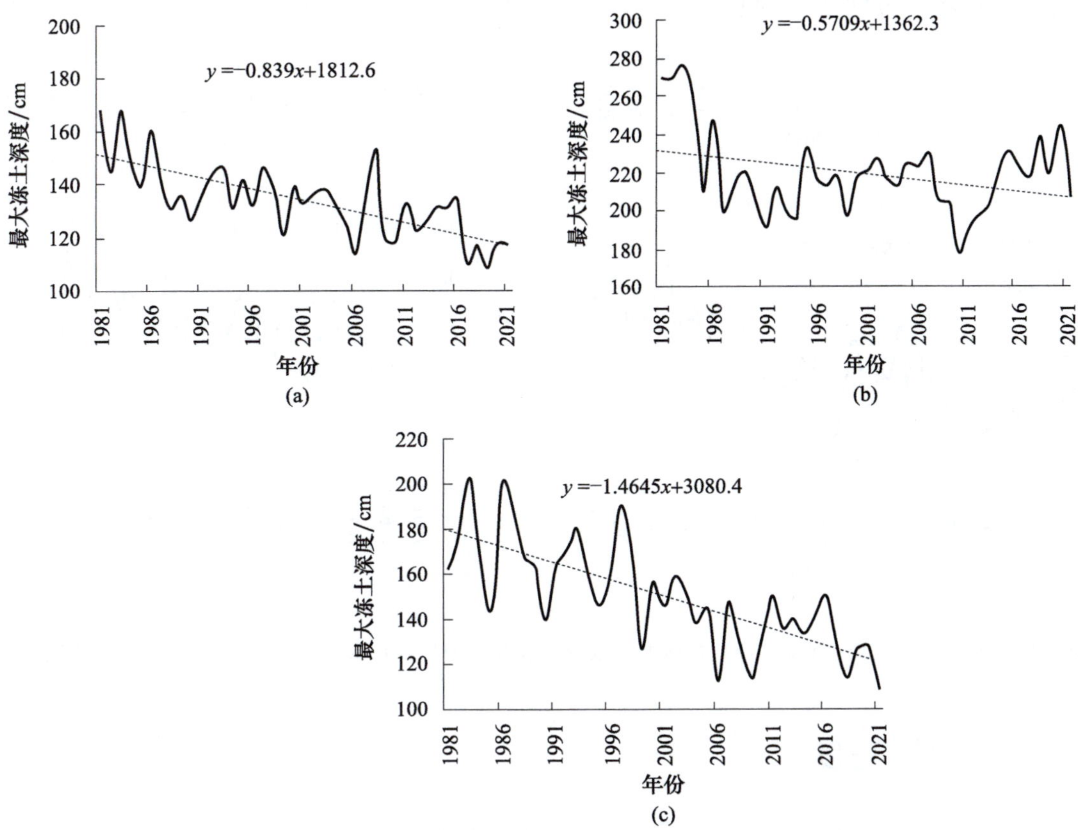

图 3.2　1981—2021 年三江源区(a)、黄河源园区(b)、澜沧江源园区(c)最大冻土深度变化

3.3　气候生产潜力

1961—2021 年，三江源区气候生产潜力显著增加，平均每 10 a 增加 16.5 t・hm^{-2}。2003 年以来增加幅度较大，较 1961—2002 年平均增多 12.0%。2021 年三江源区气候生产潜力为 654.8 t・hm^{-2}，较常年增加 5.6%（图 3.3a）。

1961—2021 年，黄河源园区、长江源园区和澜沧江源园区气候生产潜力均呈增加趋势，平均每 10 a 分别增加 22.5 t • hm^{-2}、21.5 t • hm^{-2}和 15.5 t • hm^{-2}。三个园区大致从 2003 年开始气候生产潜力明显增加，较 1961—2002 年平均值分别增加 20.2%、24.8%和 9.1%。2021 年三个园区气候生产潜力分别为 509.2 t • hm^{-2}、453.7 t • hm^{-2}和 703.1 t • hm^{-2}，较常年分别增加 11.6%、13.1%和 3.8%(图 3.3b、c、d)。

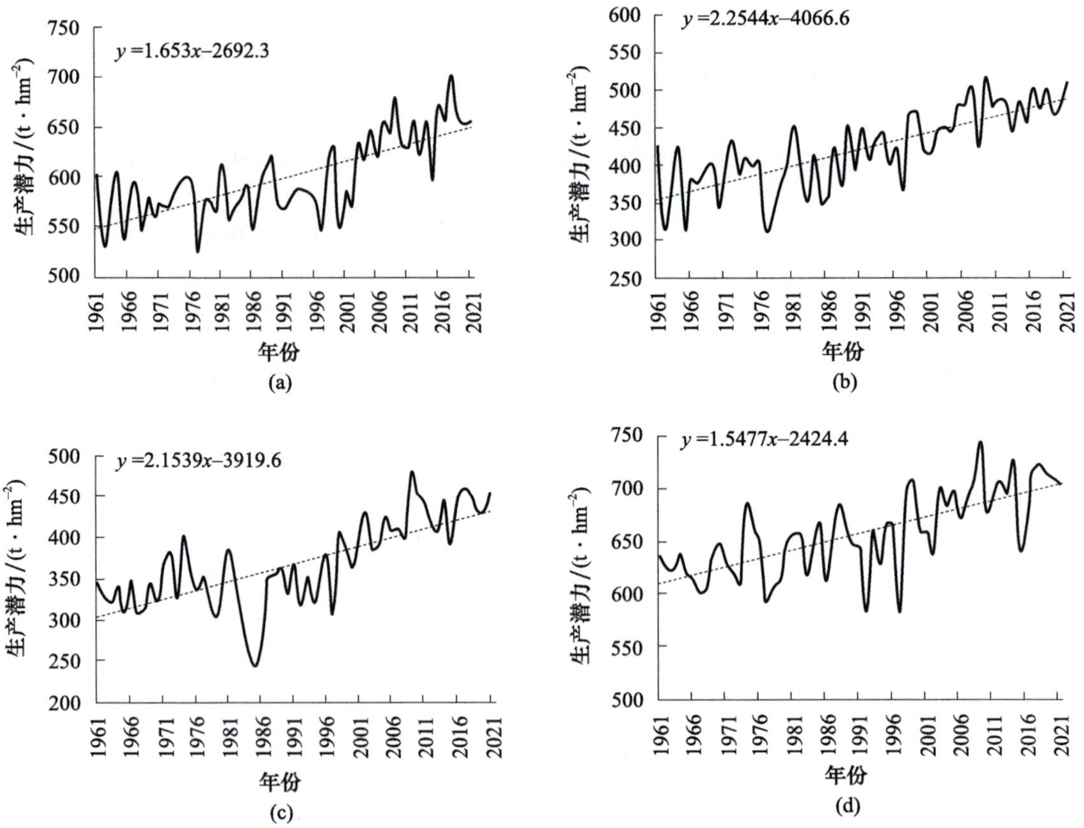

图 3.3 1961—2021 年三江源区(a)、黄河源园区(b)、长江源园区(c)、澜沧江源园区(d)气候生产潜力变化

3.4 植被覆盖度

2000—2021 年，三江源区植被覆盖度呈波动增大趋势，平均每年增大 0.25%。高植被覆盖度主要分布在三江源区的东南部，而三江源西部主要是低覆盖度分布区(图 3.4)。2021 年三江源区平均植被覆盖度为 32%，较 2000—2020 年平均偏高 12.8%。

2000—2021 年，黄河源园区、长江源园区和澜沧江源园区植被覆盖度呈一致增大趋势，变化率分别为 0.43%、1.19%和 2.12%。2021 年三个园区植被覆盖度分别为 31%、12%和 39%，较 2000—2020 年平均值分别偏高 27.4%、28.6%和 16.0%。

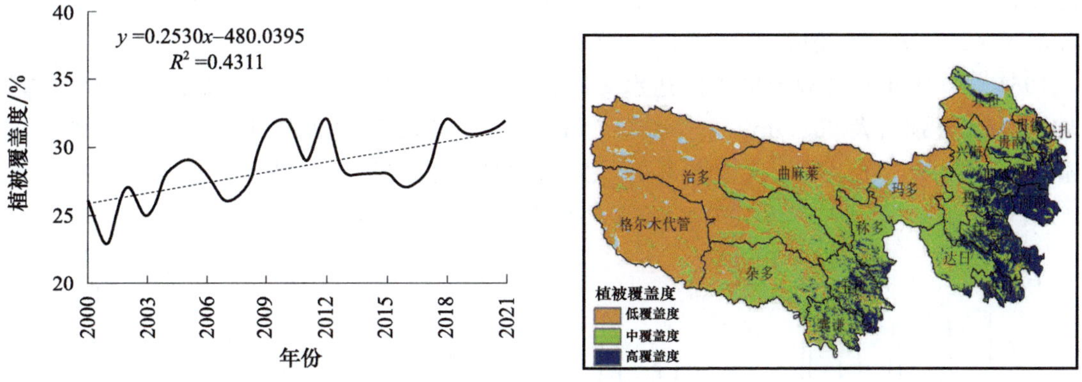

(a)　　　　(b)

图 3.4　2000—2021 年三江源区植被覆盖度变化(a)及空间分布(b)

3.5　沼泽湿地生态系统碳储量

2000—2020 年，三江源区沼泽湿地总碳储量呈波动增加趋势，平均每 10 a 增加 0.13×10^6 t C，其中 2000—2005 年变化趋势不明显，2005 年以后呈明显增加趋势，2018 年总碳储量最大，为 36.01×10^6 t C(图 3.5a)。

三江源各地沼泽湿地总碳储量变化趋势有所不同，其中治多县和唐古拉乡西北部、曲麻莱县北部沼泽湿地总碳储量略有减小，其他地区呈增加趋势，尤其是黄河源园区沼泽湿地总碳储量增加趋势最明显。长江源园区大部分地区变化趋势不明显，总碳储量呈稳定态势(图 3.5b)。

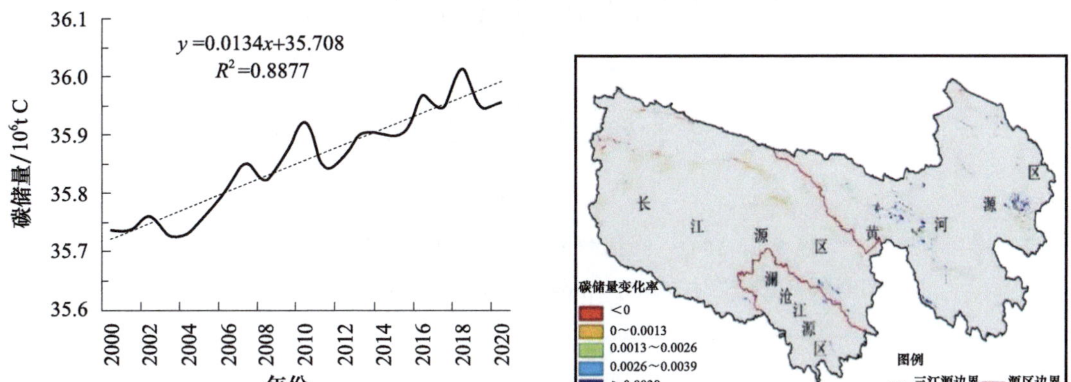

(a)　　　　(b)

图 3.5　2000—2020 年三江源地区沼泽湿地总碳储量多年变化(a)、空间变率分布(b)

3.6　河流流量

1961—2021 年，黄河源园区唐乃亥水文站年平均流量总体呈减小趋势，平均每 10 a 减小 6.3 $m^3\cdot s^{-1}$，丰、枯交替频繁，自 2003 年开始流量呈增大趋势，2003—2021 年唐乃亥水文站平均流量为 669.2 $m^3 \cdot s^{-1}$，较 1961—2002 年偏大 4.9%。2021 年唐乃亥水文站平均流量为 700.3 $m^3 \cdot s^{-1}$，较常年偏大 14.8%(图 3.6a)。

1961—2021 年长江源园区直门达水文站和澜沧江源园区香达水文站流量均呈增大趋势，平均每 10 a 分别增大 25.5 $m^3 \cdot s^{-1}$和 2.7 $m^3 \cdot s^{-1}$。进入 21 世纪以来长江源园区流量增大明显，较 1961—2000 年平均流量增大 29.6%。2021 年直门达水文站和香达水文站流量分别为 629.0 $m^3 \cdot s^{-1}$和 204.5 $m^3 \cdot s^{-1}$，较常年偏多 38.8%和 43.1%(图 3.6b、c)。

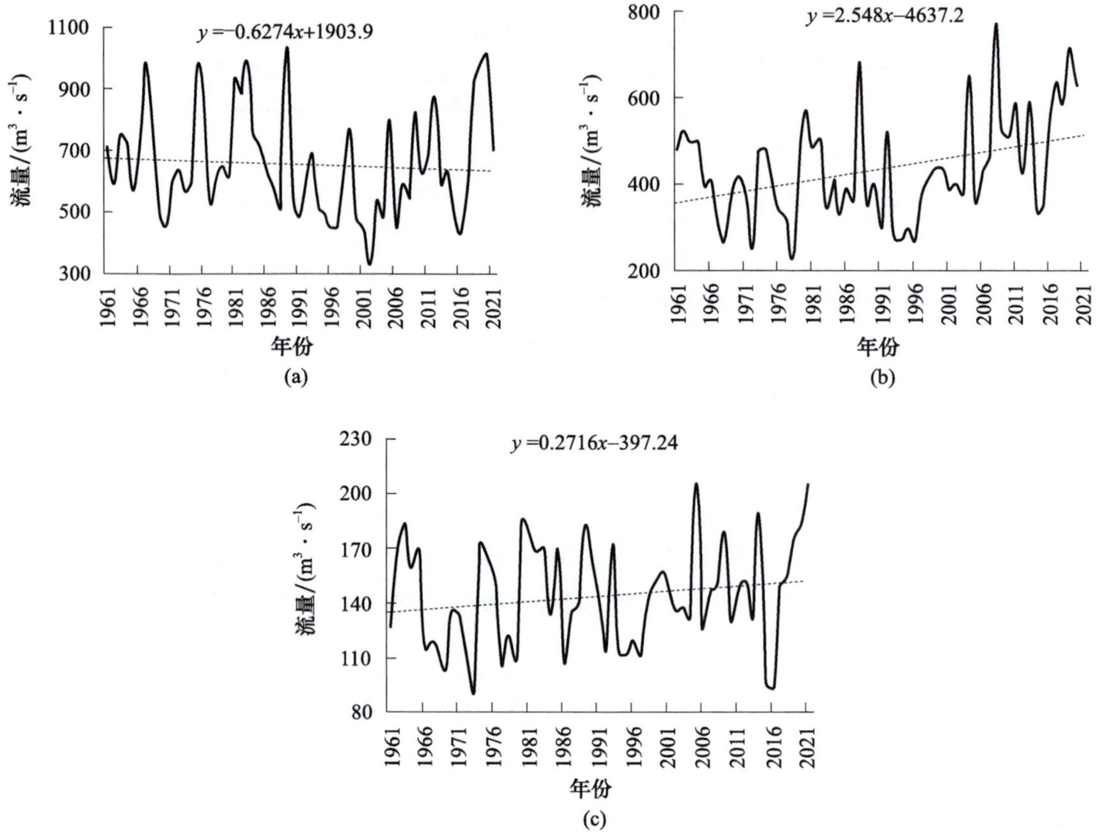

图 3.6　1961—2021 年黄河源园区唐乃亥水文站(a)、
长江源园区直门达水文站(b)和澜沧江源园区香达水文站(c)流量变化

第4章　区域气候变化影响因子

影响三江源国家公园气候变化的主要大气环流因子为青藏高原高度场、冬季北极涛动、夏季西太平洋副热带高压脊线和夏季印缅槽。

4.1　青藏高原高度场

青藏高原地区平均气温与青藏高原高度场呈显著正相关关系。1961—2021年，青藏高原高度场主要表现为明显的偏高趋势，20世纪60—90年代，青藏高原高度场长期处于偏低的状态，高原易出现低温天气，2012—2021年青藏高原高度场转化为以正距平为主的分布形态，气温升高，其中2021年高原高度场距平为49.18 gpm，为近10 a以来最高(图4.1)。

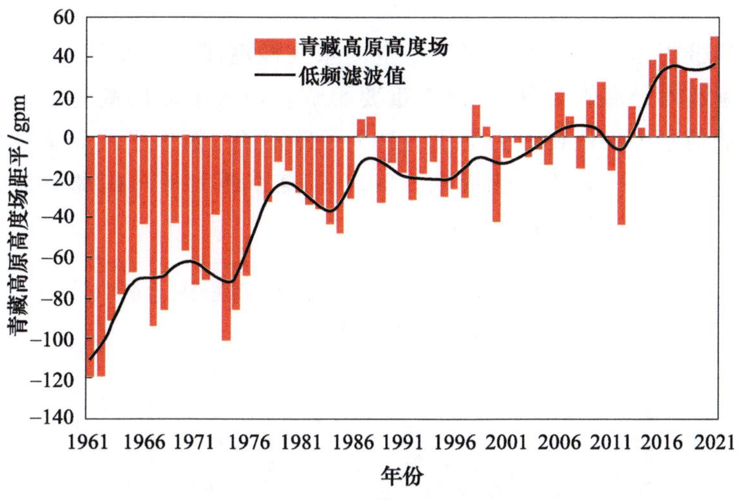

图4.1　1961—2021年青藏高原高度场距平变化

4.2　冬季北极涛动指数

北极涛动(Arctic Oscillation，AO)指数，简称AO指数，是指北半球中纬度地区与北极地区气压形势差别的变化。当AO处于正位相时，限制极区冷空气向南扩展；当AO处于负位相时，冷空气易向南侵袭，造成极端低温。青海省冬季气温与冬季AO指数呈正相关，满足冬季AO负(正)位相对应负(正)气温距平。冬季AO指数，20世纪90年代之前以负值为主，之后正值频率明显增加，2010年为负极值，1989年为正极值(图4.2)。

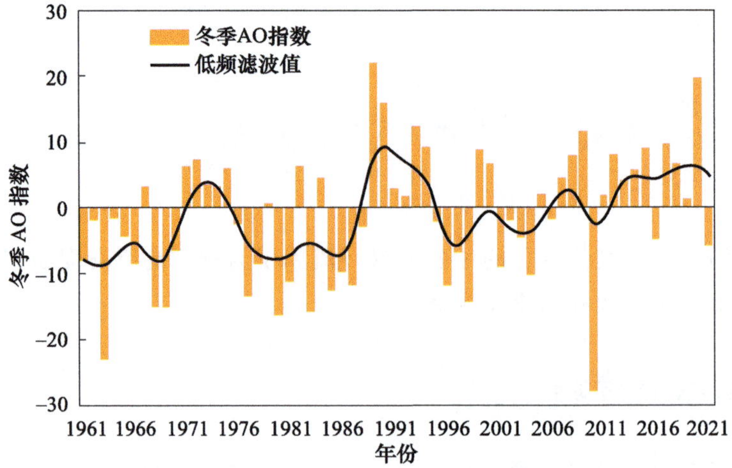

图 4.2 1961—2021 年冬季北极涛动指数变化

4.3 夏季西太平洋副热带高压脊线位置

西太平洋副热带高压是一个在太平洋上空的永久性高压环流系统，在我国简称西太平洋副高。西太平洋副高对青海省天气、气候有重要影响。西太平洋副高脊线南北位置在青海省夏季月降水预测的信号中表现得最为突出。1961—2021 年，西太平洋副高脊线位置指数存在显著的年际波动，且有 2～4 a 的变化周期。2021 年夏季西太平洋副高脊线位置指数距平为－1.29，即副高位置偏南较明显(图 4.3)。

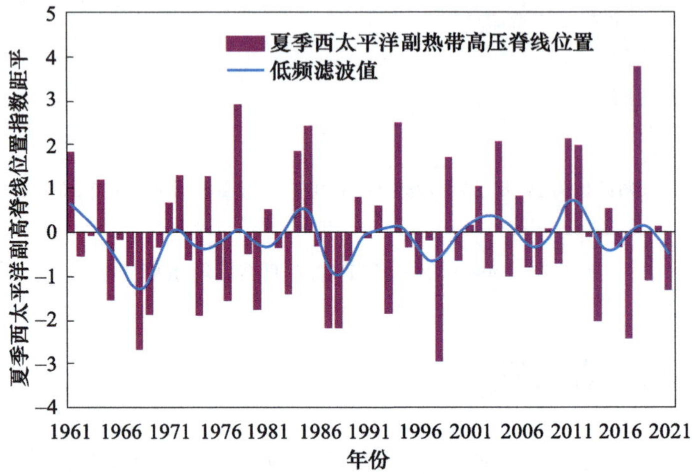

图 4.3 1961—2021 年夏季西太平洋副热带高压脊线位置指数距平变化

4.4 夏季印缅槽

夏季青藏高原南部降水的发展、演变和减弱与同期 500 hPa 南支槽活动及整层水汽输送有着密切的关系。夏季印缅槽强度持续偏强，槽前来自孟加拉湾西南暖湿气流水汽输送偏强，到达青藏高原南部水汽相应增多，易导致出现降水。1961—2021 年，夏季印缅槽指数表现为明显的增强趋势，20 世纪 80 年代之前，夏季印缅槽长期处于偏弱的状态，20 世纪 90 年代至 21 世纪存在显著的年际波动，2014—2021 年夏季印缅槽持续偏强，2020 年夏季印缅槽指数 30.79，为 1961—2021 年最强(图 4.4)。

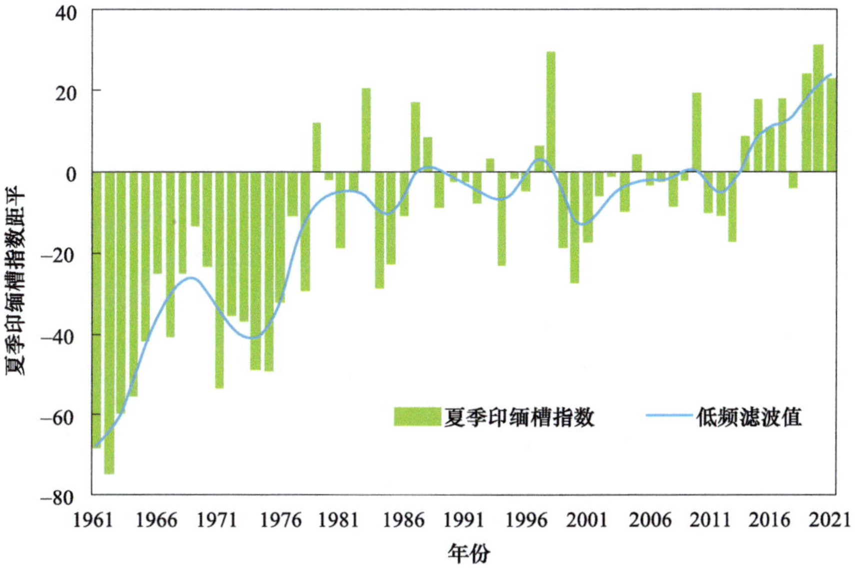

图 4.4　1961—2021 年夏季印缅槽指数距平变化

第二部分

祁连山国家公园（青海）气候变化特征

（1961—2022 年）

说　　明

1. 资料来源与说明

本部分气象资料来源于青海省气象信息中心。

本部分冰川面积和冰储量资料来源于青海省气象科学研究所。

本部分“常年值”是指 1991—2020 年 30 a 平均值。

蒸发量采用彭曼公式进行计算。

植被覆盖度利用遥感监测 MOD13A3 产品的 NDVI 值反演。

本部分区域划分：祁连山国家公园包括托勒、野牛沟、祁连、门源共 4 个气象台站。

2. 名词说明

冷昼日数：日最高气温小于 10%分位值的日数。

冰封日数：一年中日最高气温低于 0 ℃的日数。

最长持续干期：日降水量小于 1 mm 的最大持续日数。

强降水量：日降水量大于 95%分位值的总降水量。

暴雨日数：日降水量大于或等于 50 mm 的日数。

第 5 章　基本气候要素变化

祁连山国家公园地处青藏高原东北部边缘，海拔 5808 m，属高原大陆性气候区，是我国西部重要的生态安全屏障和水源产流地，是我国重点生态功能区和生物多样性保护优先区域。近年来，该区域气候条件发生了显著变化，并且气候变化所带来的影响日益凸显。为科学合理地利用青海高原气候资源，趋利避害，提高应对气候变化的能力，该部分阐述了气温、降水、风速、蒸发等基本气候要素变化事实，在此基础上，详细分析了极端冷、暖事件及雪灾、大风、冰雹等主要气象灾害的变化特征，评估了对冰川面积、最大积雪深度、植被固碳量等典型生态指标的影响，并从大气环流角度分析了影响该区域的气候变化因子。

5.1　气温

5.1.1　平均气温

5.1.1.1　年平均气温

1961—2022 年祁连山国家公园年平均气温为－0.7 ℃，呈显著增温趋势，平均每 10 a 升高 0.36 ℃，升温率略低于全省年平均升温率(0.38 ℃·(10 a)$^{-1}$)。1998 年以来增温趋势明显增强，1997 年前后两个时期年平均气温升高了 1.33 ℃。2022 年祁连山国家公园年平均气温为 0.9 ℃，较常年偏高 1.0 ℃(图 5.1a)。

祁连山国家公园各地年平均气温平均每 10 a 升高 0.30～0.43 ℃，升温幅度较大值出现在门源，升温幅度较小值出现在野牛沟(图 5.1b)。

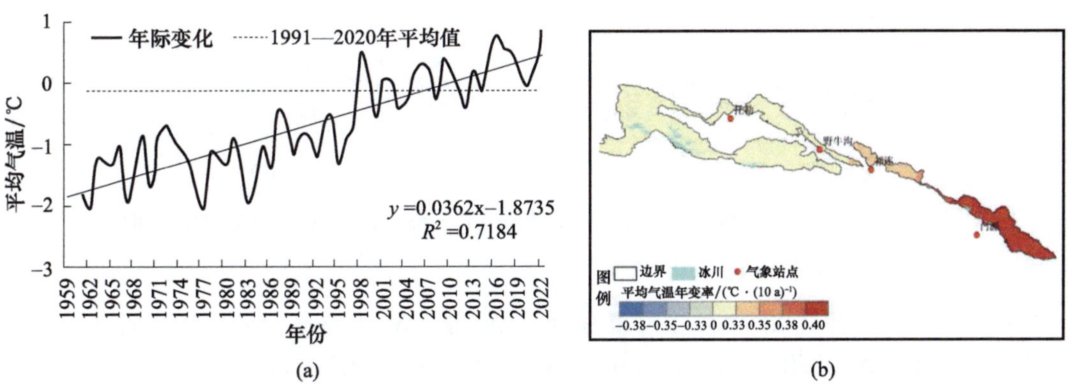

图 5.1　1961—2022 年祁连山国家公园年平均气温变化(a)和变率空间分布图(b)

5.1.1.2　四季平均气温

1961—2022 年，祁连山国家公园四季平均气温均呈显著增温趋势，秋季平均气温升温率最高,平均每 10 a 升高 0.38 ℃,夏季和冬季次之,平均每 10 a 升高 0.37 ℃,春季增温幅度最小,平均每 10 a 升高 0.30 ℃(表 5.1)。

表 5.1 1961—2022 年祁连山国家公园年平均气温季节变化

时间	春		夏		秋		冬	
	平均值/℃	变率/(℃·(10 a)$^{-1}$)	平均值/℃	变率/(℃·(10 a)$^{-1}$)	平均值/℃	变率/(℃·(10 a)$^{-1}$)	平均值/℃	变率/(℃·(10 a)$^{-1}$)
历年平均	0.6	0.30	10.6	0.37	−0.6	0.38	−13.2	0.37
2022 年	2.5		12.6		1.6		−13.6	

5.1.2 平均最高气温

5.1.2.1 年平均最高气温

1961—2022 年,祁连山国家公园年平均最高气温为 8.4 ℃,平均每 10 a 升温 0.28 ℃,升温率低于全省年平均最高气温升温率(0.31 ℃·(10 a)$^{-1}$)。1998 年以来最高气温明显升高,1998—2022 年平均较 1961—1997 年平均上升了 1.1 ℃。2022 年祁连山国家公园年平均最高气温为 9.7 ℃,较常年偏高 0.8 ℃(图 5.2a)。

1961—2022 年,祁连山国家公园各地年平均最高气温均呈升温趋势,平均每 10 a 升高 0.24～0.32 ℃,基本呈中部升温率低、东部和西部升温率较高的态势,其中托勒、门源升温幅度较大,平均每 10 a 分别升高 0.31、0.32 ℃;野牛沟、祁连升温幅度较小,平均每 10 a 升高 0.24 ℃(图 5.2b)。

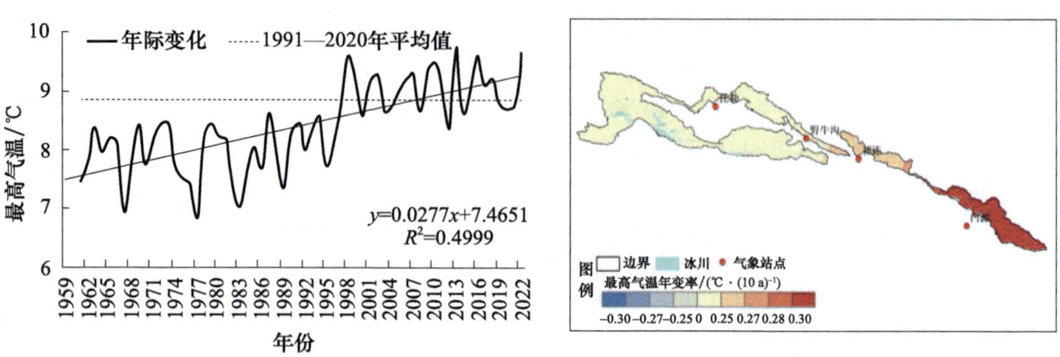

图 5.2 1961—2022 年祁连山国家公园年平均最高气温变化(a)和变率空间分布图(b)

5.1.2.2 四季平均最高气温

1961—2022 年,祁连山国家公园夏季平均最高气温升温率最高,平均每 10 a 升高 0.31 ℃,秋冬季次之,平均每 10 a 升高 0.29 ℃,春季增温幅度最小,平均每 10 a 升高 0.23 ℃(表 5.2)。

表 5.2　1961—2022 年祁连山国家公园年平均最高气温季节变化

时间	春		夏		秋		冬	
	平均值/℃	变率/(℃·(10 a)$^{-1}$)	平均值/℃	变率/(℃·(10 a)$^{-1}$)	平均值/℃	变率/(℃·(10 a)$^{-1}$)	平均值/℃	变率/(℃·(10 a)$^{-1}$)
历年平均	9.4	0.23	18.1	0.31	8.6	0.29	−2.5	0.29
2022 年	11.5		20.0		10.3		−3.0	

5.1.3　平均最低气温

5.1.3.1　年平均最低气温

1961—2022 年，祁连山国家公园年平均最低气温−7.7 ℃，呈现显著升高趋势，平均每 10 a升温 0.44 ℃，升温率低于全省年平均最低气温升温率(0.47 ℃·(10 a)$^{-1}$)。1998 年以来年平均最低气温快速升高，1998—2022 年平均较 1961—1997 年平均升高了 1.5 ℃。2022 年祁连山国家公园年平均最低气温为−6.1 ℃，较常年偏高 1.0 ℃(图 5.3a)。

1961—2022 年，祁连山国家公园各地年平均最低气温呈升高趋势，平均每 10 a 升高 0.34～0.62 ℃，空间上呈由西北向东南升高的态势，其中托勒升温率最小，门源升温率最大(图 5.3b)。

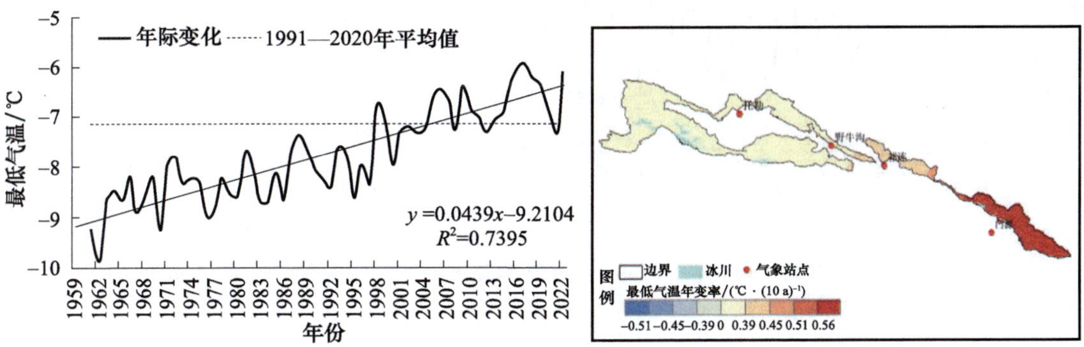

(a)　　(b)

图 5.3　1961—2022 年青海省年平均最低气温变化(a)和变率空间分布图(b)

5.1.3.2　四季平均最低气温

1961—2022 年，祁连山国家公园冬季平均气温升温率最高，平均每 10 a 升高 0.50 ℃，夏季和秋季次之，平均每 10 a 分别升高 0.49 ℃、0.45 ℃，春季增温幅度最小，平均每 10 a 升高 0.36 ℃(表 5.3)。

表 5.3　1961—2022 年祁连山国家公园年平均最低气温季节变化

时间	春		夏		秋		冬	
	平均值/℃	变率/(℃·(10 a)$^{-1}$)	平均值/℃	变率/(℃·(10 a)$^{-1}$)	平均值/℃	变率/(℃·(10 a)$^{-1}$)	平均值/℃	变率/(℃·(10 a)$^{-1}$)
历年平均	−6.7	0.36	4.2	0.49	−7.1	0.45	−21.3	0.50
2022 年	−5.1		6.8		−4.9		−21.6	

5.2 降水量

5.2.1 年降水量

1961—2022 年，祁连山国家公园平均年降水量为 415.5 mm，呈增多趋势，平均每 10 a 增多 14.55 mm，增多率高于全省年平均降水量增多率(8.09 mm·(10 a)$^{-1}$)。年降水量的阶段性变化明显，20 世纪 60—70 年代、90 年代降水量呈减少趋势，80 年代微弱增多，进入 21 世纪后，降水量明显增多。与 1961—2002 年平均值(397.4 mm)相比，2003—2022 年平均降水量增多了 14.1%。2022 年祁连山国家公园降水量为 458.5 mm，较常年偏多 6.3%(图 5.4a)。

祁连山国家公园各地年降水量变化趋势差异较大，平均每 10 a 增多 11.50～19.83 mm，其中门源增多幅度最小，野牛沟增多幅度最大(图 5.4b)。

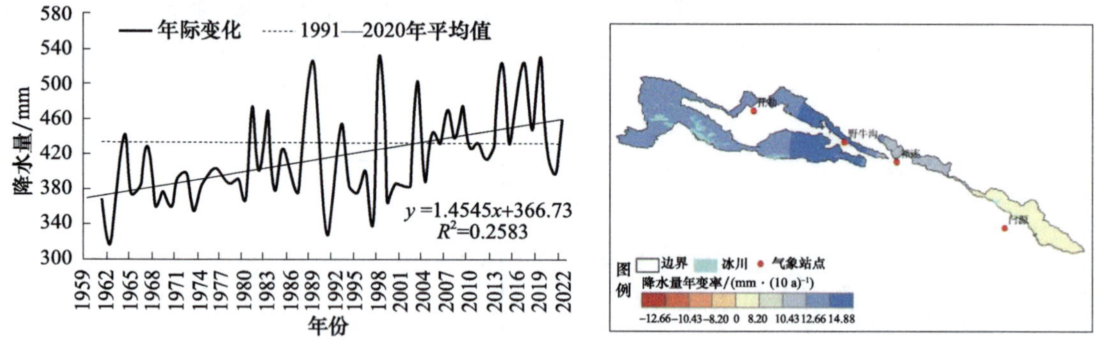

(a) (b)

图 5.4 1961—2022 年祁连山国家公园年平均降水量变化(a)和变率空间分布图(b)

5.2.2 四季降水量

1961—2022 年，祁连山国家公园夏季降水量呈现微弱的减少趋势，平均每 10 a 减少 0.27 mm，春冬季呈微弱的增多趋势，平均每 10 a 增多 0.66 mm、0.13 mm，秋季增幅较大，平均每 10 a 增多 4.09 mm(表 5.4)。

表 5.4 1961—2022 年祁连山国家公园年平均降水量季节变化

时间	春		夏		秋		冬	
	平均值/mm	变率/(mm·(10 a)$^{-1}$)	平均值/mm	变率/(mm·(10 a)$^{-1}$)	平均值/mm	变率/(mm·(10 a)$^{-1}$)	平均值/mm	变率/(mm·(10 a)$^{-1}$)
历年平均	25.0	0.66	84.1	−0.27	29.4	4.09	1.6	0.13
2022 年	23.3		47.8		69.0		1.9	

5.3　平均风速

5.3.1　年平均风速

1969—2022 年，祁连山国家公园年平均风速为 2.13 m・s^{-1}，总体呈减小趋势，平均每 10 a减小 0.06 m・s^{-1}，减小率略低于全省年平均风速的减小率(0.1(m・s^{-1})・(10 a)$^{-1}$)。进入 21 世纪后年平均风速略有上升，且变化平稳。2022 年祁连山国家公园年平均风速为 2.11 m・s^{-1}，较常年减小 0.08 m・s^{-1}(图 5.5a)。

1969—2022 年，除托勒年平均风速平均每 10 a 增加 0.06 m・s^{-1}外，其余地区均呈减小趋势，平均每 10 a 减小 0.07～0.11 m・s^{-1}，其中野牛沟、门源减小幅度较大，平均每 10 a 减小 0.10 m・s^{-1}以上(图 5.5b)。

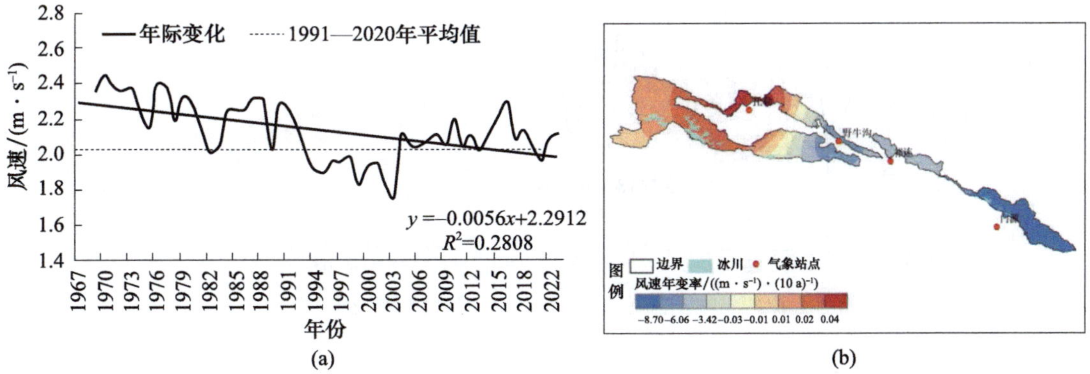

图 5.5　1969—2022 年祁连山国家公园年平均风速变化(a)和变率空间分布图(b)

5.3.2　四季平均风速

1969—2022 年，祁连山国家公园四季平均风速均呈减小趋势，春季和夏季减小较明显，平均每 10 a 分别减小 0.11 m・s^{-1}和 0.07 m・s^{-1}，秋季和冬季平均每 10 a 分别减小 0.03 m・s^{-1}和0.02 m・s^{-1}(表 5.5)。

表 5.5　1969—2022 年祁连山国家公园年平均风速季节变化

时间	春		夏		秋		冬	
	平均值/(m・s^{-1})	变率/(m・s^{-1}・(10 a)$^{-1}$)	平均值/(m・s^{-1})	变率/(m・s^{-1}・(10 a)$^{-1}$)	平均值/(m・s^{-1})	变率/(m・s^{-1}・(10 a)$^{-1}$)	平均值/(m・s^{-1})	变率/(m・s^{-1}・(10 a)$^{-1}$)
历年平均	2.7	−0.11	2.2	−0.07	1.8	−0.03	1.7	−0.02
2022 年	2.6		2.2		2.0		1.6	

5.4 蒸发量

5.4.1 年蒸发量

1961—2022 年，祁连山国家公园年平均蒸发量为 765.2 mm，呈略微增加趋势，平均每 10 a增加 5.62 mm，增加率高于全省年平均蒸发量的增加率(3.08 mm・(10 a)$^{-1}$)。2004 年以来增加趋势明显，2013 年平均蒸发量达到最高(816.5 mm)，之后呈现减小趋势。2022 年年平均蒸发量为 790.9 mm，较常年偏多 2.3%(图 5.6 a)。

祁连山国家公园各地年蒸发量变化趋势差异较大，平均每 10 a 增加 0.69～14.04 mm，托勒增加幅度最大，平均每 10 a 增加 14.04 mm，门源增加幅度最小，平均每 10 a 增加 0.69 mm(图 5.6b)。

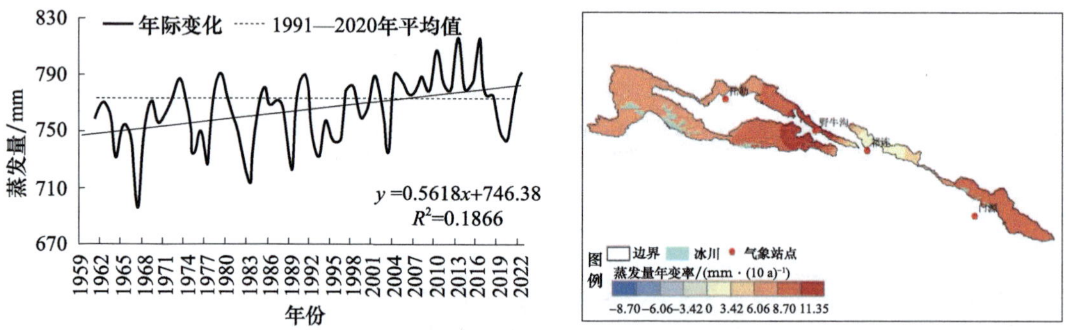

(a) (b)

图 5.6 1961—2022 年祁连山国家公园年蒸发量变化(a)和空间变率分布图(b)

5.4.2 四季蒸发量

1961—2022 年，祁连山国家公园四季蒸发量均呈微弱增加趋势，夏季增加幅度较大，平均每 10 a 增加 1.01 mm，春秋季增加幅度次之，平均每 10 a 各增加 0.44 mm，冬季增加幅度最小，平均每 10 a 增加 0.10 mm(表 5.6)。

表 5.6 1961—2022 年祁连山国家公园年蒸发量季节变化

时间	春		夏		秋		冬	
	平均值/mm	变率/(mm・(10 a)$^{-1}$)	平均值/mm	变率/(mm・(10 a)$^{-1}$)	平均值/mm	变率/(mm・(10 a)$^{-1}$)	平均值/mm	变率/(mm・(10 a)$^{-1}$)
历年平均	16.0	0.44	41.2	1.01	14.5	0.44	1.5	0.10
2022 年	17.0		48.0		14.8		1.3	

5.5 地表温度

5.5.1 年平均地表温度

1961—2022 年，祁连山国家公园年平均地表温度 3.0 ℃，总体呈升高趋势，平均每 10 a 升温 0.21 ℃，升温率低于全省平均水平(0.27 ℃ · $(10a)^{-1}$)。1998 年以来年平均地表温度快速升高，1998—2022 年平均较 1961—1997 年平均升高了 1.1 ℃。从年际变化来看，20 世纪 70 年代初期至 80 年代初期年平均地表温度总体呈减小趋势，1983 年后增温趋势明显。2022 年祁连山国家公园年平均地表温度为 4.5 ℃，较常年偏高 1.0 ℃(图 5.7a)。

祁连山国家公园各地年平均地表温度平均每 10 a 升高 0.21～0.57 ℃，升温幅度最大值出现在野牛沟，升温幅度最小值出现在祁连(图 5.7b)。

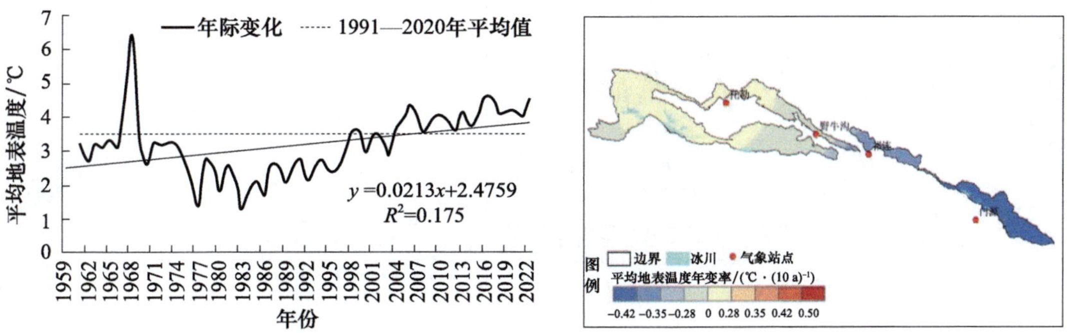

(a) (b)

图 5.7 1961—2022 年祁连山国家公园年平均地表温度变化(a)和空间变率分布图(b)

5.5.2 四季平均地表温度

1961—2022 年，祁连山国家公园冬季平均地表温度升温率最高，平均每 10 a 升高 0.39 ℃，春、秋季次之，平均每 10 a 分别升高 0.26 ℃、0.24 ℃，夏季增温幅度最小，平均每 10 a 升高 0.19 ℃(表 5.7)。

表 5.7 1961—2022 年祁连山国家公园年平均地表温度季节变化

时间	春季		夏季		秋季		冬季	
	平均值/℃	变率/(℃ · $(10\ a)^{-1}$)	平均值/℃	变率/(℃ · $(10\ a)^{-1}$)	平均值/℃	变率/(℃ · $(10\ a)^{-1}$)	平均值/℃	变率/(℃ · $(10\ a)^{-1}$)
历年平均	5.5	0.26	15.7	0.19	2.7	0.24	−11.5	0.39
2022 年	7.2		17.1		4.8		−11.6	

5.6 日照时数

5.6.1 年日照时数

1961—2022 年，祁连山国家公园年日照时数为 2748.8 h，呈显著减少趋势，平均每 10 a 减少 29.7 h。年日照时数年代际变化明显，20 世纪 60 年代和 2016 年以后减少趋势明显，2021 年达到最小。2022 年日照时数为 2543.7 h，较常年偏少 6.6%（图 5.8a）。

祁连山国家公园各地年日照时数变化趋势均呈减少趋势，平均每 10 a 减少 7.1～50.9 h，托勒减少幅度最小，平均每 10 a 减少 7.1 h，门源减少幅度最大，平均每 10 a 减少 50.9 h（图 5.8b）。

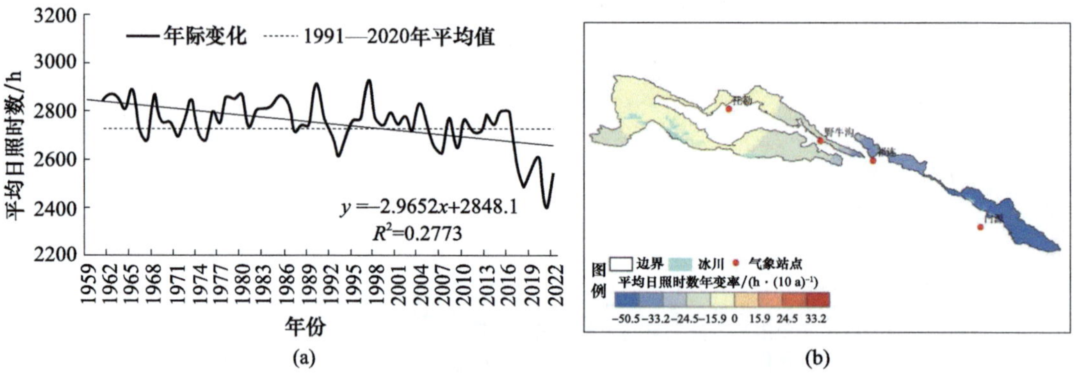

图 5.8　1961—2022 年祁连山国家公园年日照时数变化(a)和空间变率分布图(b)

5.6.2 四季日照时数

1961—2022 年，祁连山国家公园四季日照时数均呈减少趋势，夏季减少较明显，平均每 10 a减少 15.6 h，冬季减少幅度次之，平均每 10 a 减少 10.4 h，春季减少幅度最小，平均每 10 a 减少 2.1 h（表 5.8）。

表 5.8　1961—2022 年祁连山国家公园年日照时数季节变化

时间	春季		夏季		秋季		冬季	
	平均值/h	变率/(h·(10 a)$^{-1}$)	平均值/h	变率/(h·(10 a)$^{-1}$)	平均值/h	变率/(h·(10 a)$^{-1}$)	平均值/h	变率/(h·(10 a)$^{-1}$)
历年平均	723.9	−2.1	704.0	−15.6	683.2	−6.0	632.9	−10.4
2022 年	672.9		585.0		644.1		214.8	

5.7 太阳辐射

1992—2022 年，祁连山国家公园太阳总辐射呈显著减少趋势，平均每 10 a 减少

331.49 MJ・m^{-2}，太阳总辐射年代际变化明显，20 世纪 90 年代中后期和 21 世纪前期较常年略增加，2017 年以后减少趋势明显，2021 年达到最低值。2022 年太阳总辐射为 191857 MJ・m^{-2}，较常年偏少 4063.4 MJ・m^{-2}（图 5.9）。

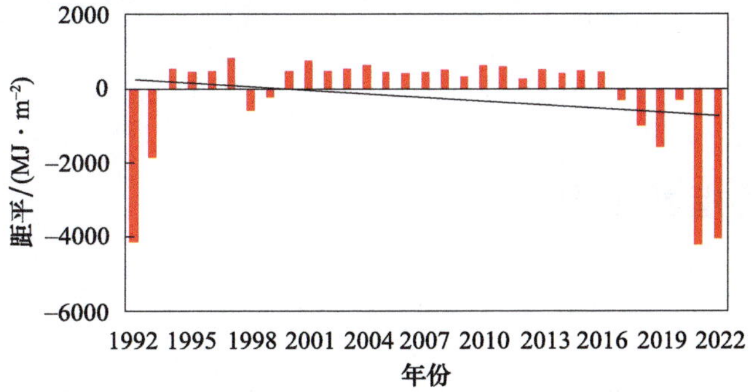

图 5.9　1992—2022 年祁连山国家公园太阳总辐射距平变化

第6章　极端气候事件变化特征

6.1　极端气候指数变化

6.1.1　冷昼日数

以日最高气温小于10%分位值的日数作为冷昼日数，表征极端气候冷事件。1961—2022年，祁连山国家公园冷昼日数呈显著减少趋势，平均每10 a减少2.9 d。1998年以来，冷昼日数显著减少，1998—2022年平均较1961—1997年平均减少9.2 d。2022年祁连山国家公园冷昼日数平均为34 d，与常年持平（图6.1a）。

祁连山国家公园各地冷昼日数呈减少趋势，减少率为2.2～3.5 d·(10 a)$^{-1}$，其中托勒减少幅度最大，平均每10 a减少3.5 d，门源减少幅度最小，平均每10 a减少2.2 d（图6.1b）。

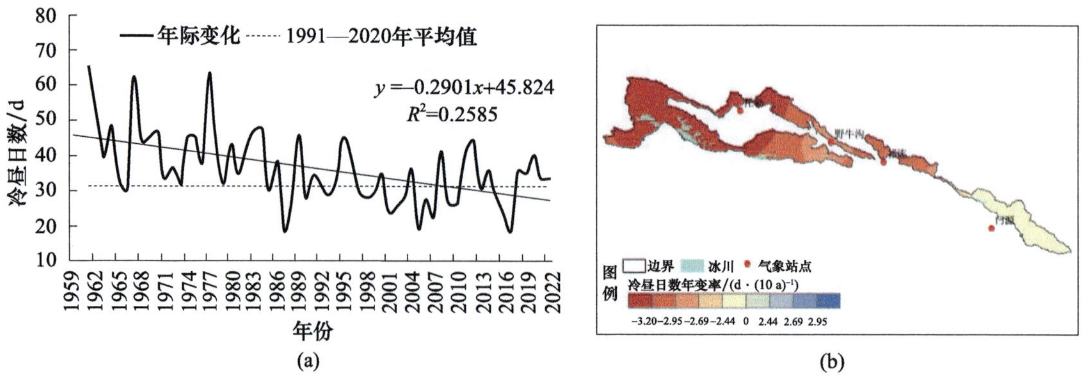

图6.1　1961—2022年祁连山国家公园年平均冷昼日数变化(a)和空间变率分布图(b)

6.1.2　冰封日数

以一年中日最高气温低于0 ℃的日数作为冰封日数，亦用于分析极端气候冷事件的变化。1961—2022年，祁连山国家公园冰封日数呈显著减少趋势，平均每10 a减少3.4 d。1998年以来，冰封日数显著减少，1998—2022年平均较1961—1997年平均减少12.4 d。2022年祁连山国家公园冰封日数平均为79 d，与常年持平（图6.2a）。

祁连山国家公园各地冰封日数呈减少趋势，减少率为3.1～3.9 d·(10 a)$^{-1}$，其中托勒减少幅度最大，野牛沟减少幅度最小（图6.2b）。

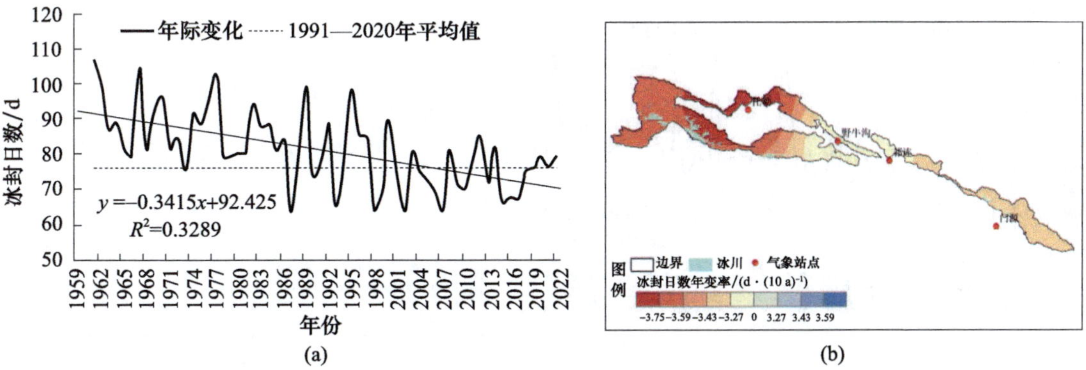

图 6.2　1961—2022 年祁连山国家公园年平均冰封日数变化(a)和空间变率分布图(b)

6.1.3　最长持续干期

以日降水量小于 1 mm 的最大持续日数作为最长持续干期，用以表征降水异常偏少变化。1961—2022 年，祁连山国家公园最长持续干期呈略微减少趋势，平均每 10 a 减少 1.5 d。2022 年祁连山国家公园最长持续干期平均为 72 d，较常年增加 6.3 d(图 6.3a)。

祁连山国家公园各地最长持续干期呈减少趋势，减少率为 0.4～2.5 d·(10 a)$^{-1}$，其中野牛沟减少幅度最大，祁连减少幅度最小(图 6.3b)。

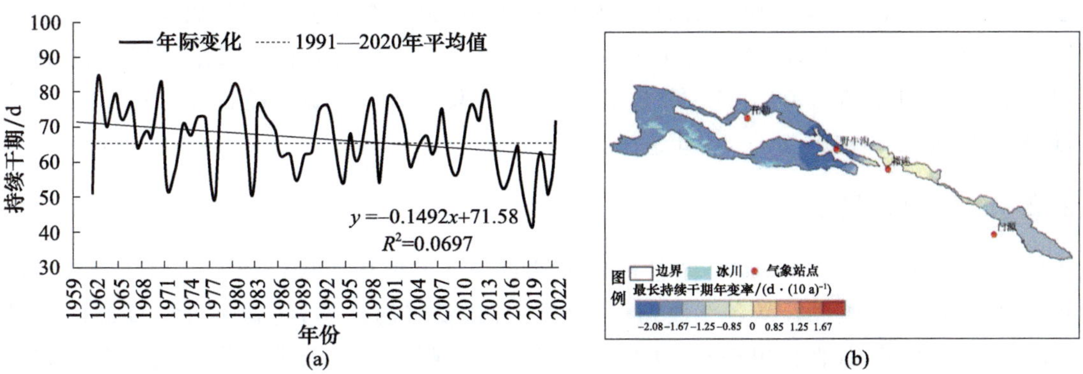

图 6.3　1961—2022 年祁连山国家公园持续干期变化(a)和空间变率分布图(b)

6.1.4　强降水量

将日降水量大于 95%分位值的总降水量用于计算强降水量，用于表征极端降水事件。1961—2022 年，祁连山国家公园强降水量呈增加趋势，平均每 10 a 增加 12.8 mm。进入 21 世纪强降水量显著增加，2000—2022 年平均强降水量较 1961—1999 年增加 41.7 mm。2022 年祁连山国家公园强降水量平均为 279.1 mm，较常年增加 33.6 mm(图 6.4a)。

祁连山国家公园各地强降水量均呈增加趋势，增加率为 10.1～14.6 mm·(10 a)$^{-1}$，其中野牛沟增加幅度较大，门源增加幅度较小(图 6.4b)。

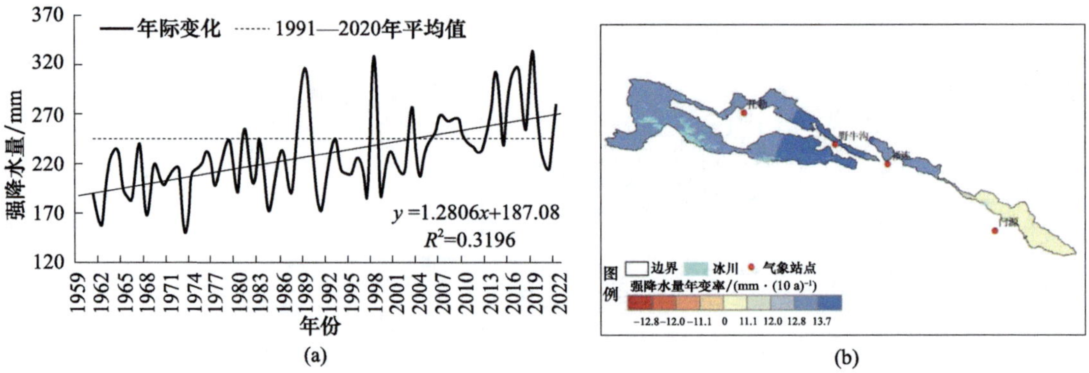

图 6.4　1961—2022 年祁连山国家公园强降水量变化(a)和空间变率分布图(b)

6.2　极端值变化

6.2.1　年极端日最高气温

1961—2022 年祁连山国家公园各地年极端日最高气温历史最高值为 33.4 ℃，出现在 2010 年 7 月 30 日的祁连站。从各气象站点年极端日最高气温来看，托勒年极端日最高气温在 22.1～28.4 ℃，最高值出现在 1978 年 8 月 21 日和 2000 年 7 月 25 日；野牛沟年极端日最高气温在 20.4～27.4 ℃，最高值出现在 2000 年 7 月 24 日；门源年极端日最高气温在 23.2～31.7 ℃，最高值出现在 2000 年 7 月 24 日，祁连山国家公园年极端日最高气温在 25.8～33.4 ℃，最高值出现在 2010 年 7 月 30 日。

6.2.2　年极端日最低气温

1961—2022 年祁连山国家公园各地年极端日最低气温历史最低值为－41.6 ℃，出现在 1989 年 1 月 13 日的托勒。从各气象站点年极端日最低气温来看，托勒年极端日最低气温在－41.6～－29.2 ℃，最低值出现在 1989 年 1 月 13 日；野牛沟年极端日最低气温在－36.3～－28.6 ℃，最低值出现在 2008 年 1 月 30 日；祁连山国家公园年极端日最低气温在－32.0～－23.1 ℃，最低值出现在 1991 年 12 月 27 日；门源年极端日最低气温在－34.5～－21.4 ℃，最低值出现在 1991 年 12 月 28 日。

6.2.3　年最大日降水量

1961—2022 年祁连山国家公园各地年最大日降水量为 55.0 mm，出现在 2010 年 8 月 3 日的门源。从各气象站点年最大日降水量来看，托勒年最大日降水量在 12.5～37.9 mm，最大值出现在 2010 年 7 月 29 日；野牛沟年最大日降水量在 13.4～45.6 mm，最大值出现在 1961 年 7 月 20 日；祁连山国家公园年最大日降水量在 14.0～40.5 mm，最大值出现在 1995 年 6 月 15 日；门源年最大日降水量在 22.2～55.0 mm，最大值出现在 2010 年 8 月 3 日。

6.3　主要气象灾害

6.3.1　雪灾

1961—2022 年，祁连山国家公园各站累计雪灾次数呈略微减少趋势，平均每 10 a 减少 0.09 次，20 世纪 90 年代中期雪灾发生次数相对较多。2022 年祁连山国家公园无雪灾发生（图 6.5a）。

祁连山国家公园各地雪灾次数呈减少趋势，平均每 10 a 减少 0.01～0.04 次，其中托勒减少幅度最大，祁连、门源减少幅度较小（图 6.5b）。

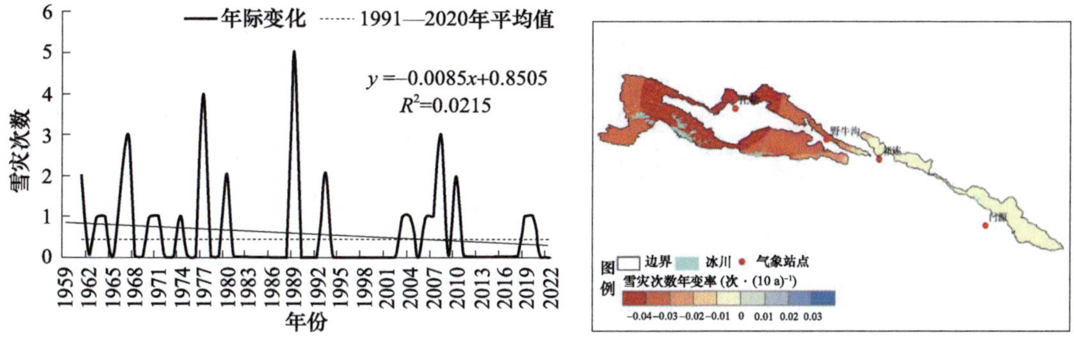

(a)　　(b)

图 6.5　1961—2022 年祁连山国家公园雪灾次数变化(a)和空间变率分布图(b)

6.3.2　大风

1969—2022 年，祁连山国家公园平均大风日数呈明显减少趋势，平均每 10 a 减少 3.8 d，进入 21 世纪后大风日数减少速率加快，1969—2000 年减小率为 1.5 $d\cdot(10\ a)^{-1}$，2001—2022 年减小率为 6.3 $d\cdot(10\ a)^{-1}$。2022 年祁连山国家公园平均大风日数为 30.8 d，较常年偏少 4.3 d(图 6.6a)。

祁连山国家公园各地大风日数均呈减少趋势，平均每 10 a 减少 1.5～5.0 d，其中门源减少幅度最大，野牛沟减少幅度最小（图 6.6b）。

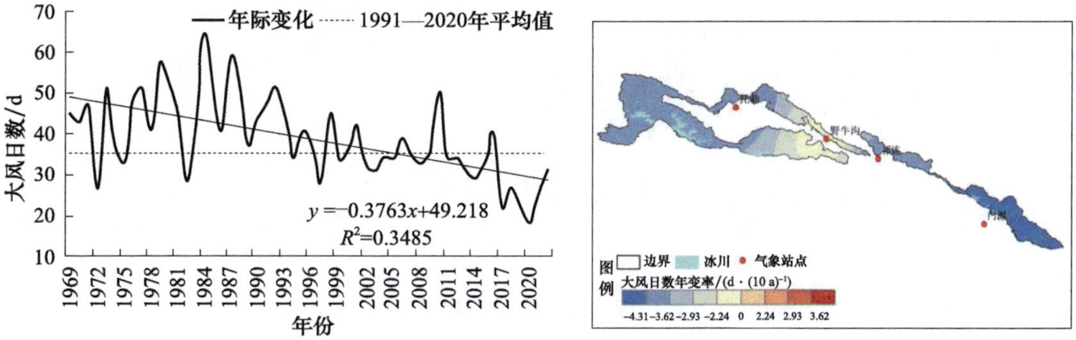

(a)　　(b)

图 6.6　1961—2022 年祁连山国家公园大风日数变化(a)和空间变率分布图(b)

6.3.3 冰雹

1961—2022 年，祁连山国家公园平均冰雹日数呈显著减少趋势，平均每 10 a 减少 1.3 d，进入 20 世纪 90 年代以来冰雹日数迅速减少，1991—2022 年平均冰雹日数较 1961—1990 年平均减少 4.3 d。2022 年祁连山国家公园平均冰雹日数为 1.3 d，较常年偏少 2.4 d(图 6.7a)。

祁连山国家公园各地冰雹日数均呈减少趋势，平均每 10 a 减少 0.5～1.9 d，其中门源减少幅度最大，托勒减少幅度最小(图 6.7b)。

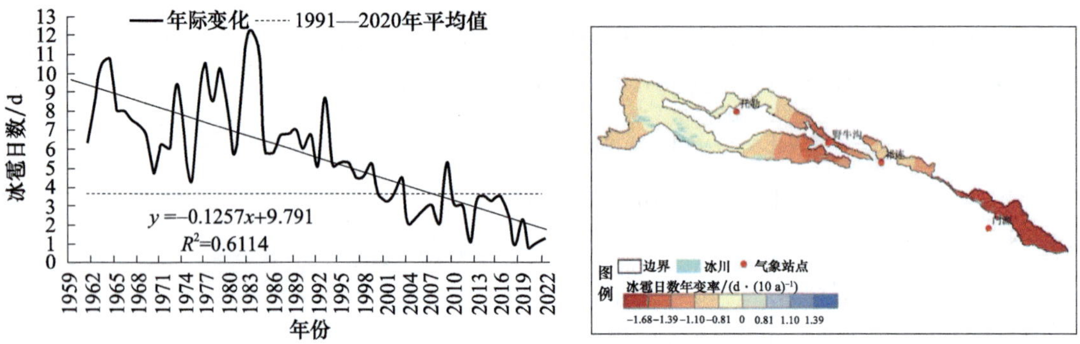

(a)　　(b)

图 6.7　1961—2022 年祁连山国家公园冰雹日数变化(a)和空间变率分布图(b)

6.3.4 暴雨洪涝

1961—2022 年，祁连山国家公园各站累计暴雨日数呈略微增加趋势，平均每 10 a 增加 0.3 d，自 2016 年以来暴雨日数明显增多，尤其是 2016 年累计发生暴雨日数为 10 d，为分析时段内发生日数最多的年份。2022 年祁连山国家公园累计暴雨日数为 4 d，与常年基本持平(图 6.8a)。

祁连山国家公园各地暴雨日数呈略微增加趋势，平均每 10 a 增加 0.06～0.09 d，其中托勒增加幅度较大，门源增加幅度较小(图 6.8b)。

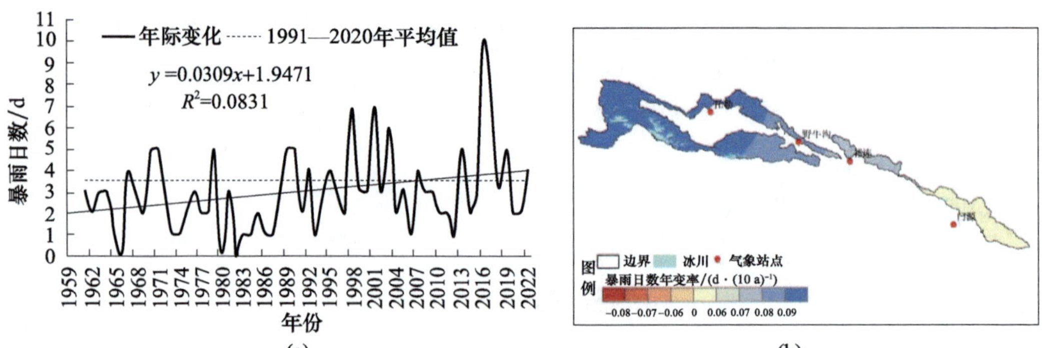

(a)　　(b)

图 6.8　1961—2022 年祁连山国家公园暴雨日数变化(a)和空间变率分布图(b)

第 7 章　祁连山气候生态指标

7.1　冰川面积和冰储量

与第二次冰川编目(2006—2007 年)相比，2022 年祁连山八一冰川、岗格尔肖合力冰川、团结峰冰川面积分别减小 6.90%、15.10%、7.40%；冰川冰储量分别减少 7.90%、15.57%、8.29%。与 2010 年相比，2022 年祁连山八一冰川、岗格尔肖合力冰川、团结峰冰川面积分别减小 2.57%、10.67%、3.93%；冰川冰储量分别减少 3.47%、10.84%、4.32%。2000 年以来，祁连山八一冰川面积和冰储量呈持平略缩减态势，岗格尔肖合力冰川、团结峰冰川面积和冰储量均呈缩减态势，冰川面积平均每年分别减小 0.54 km^2、0.80 km^2，冰储量平均每年分别减少 0.03 km^2、0.05 km^2(图 7.1)。

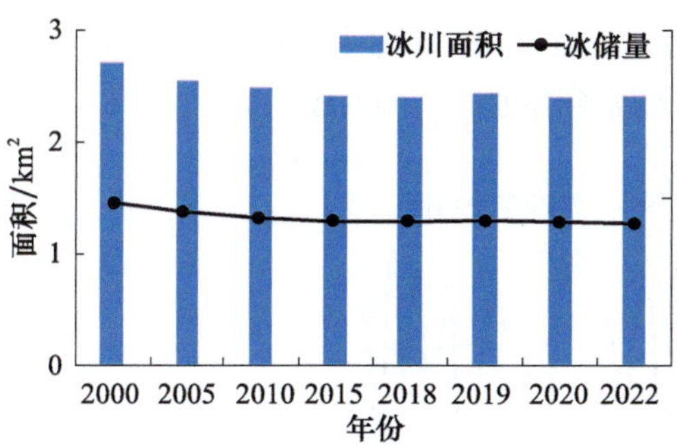

(a)

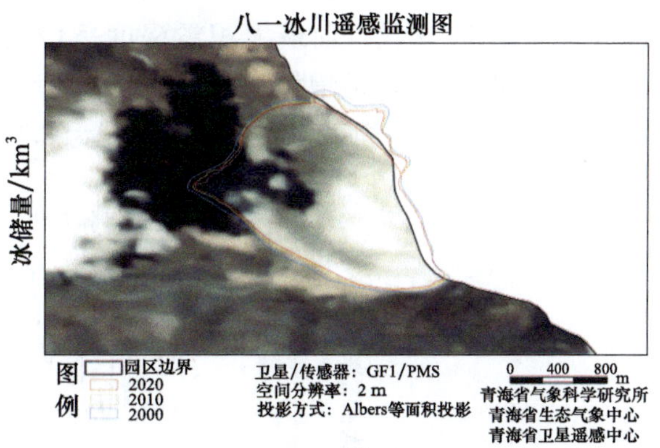

(b)

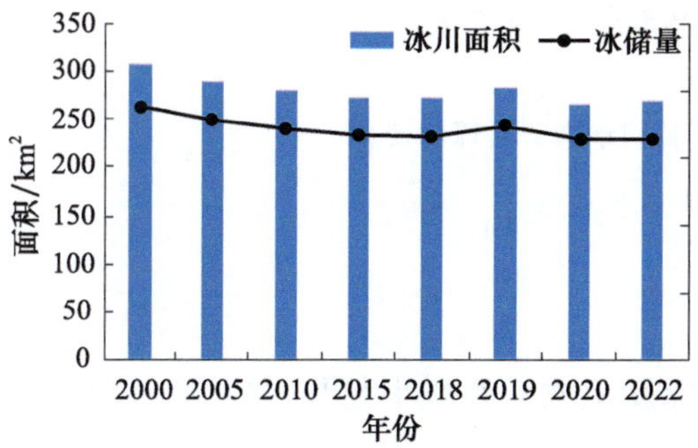

(c)

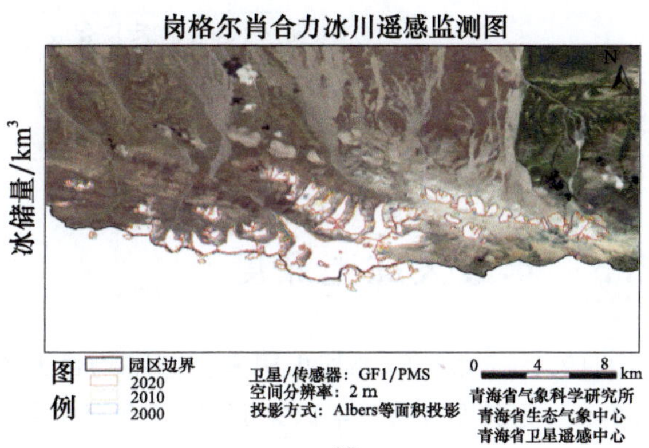

(d)

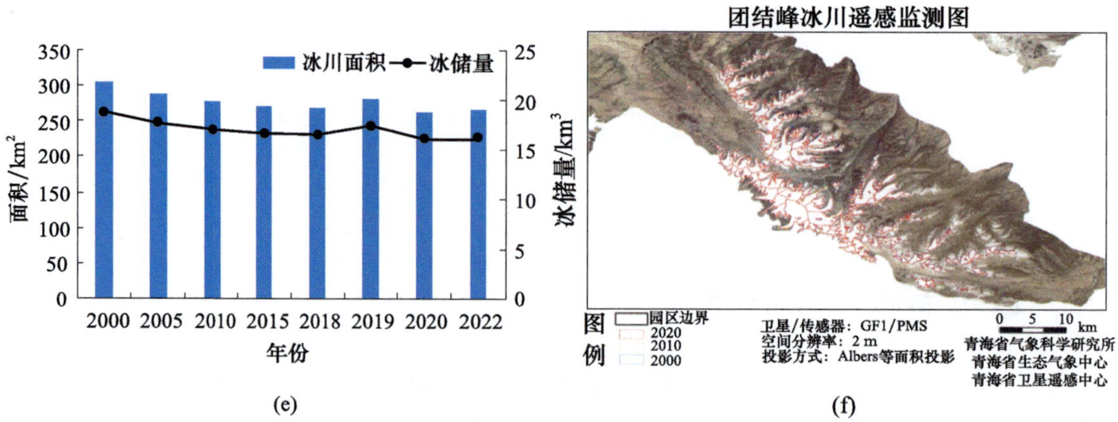

图 7.1　2000—2022 年祁连山八一冰川(a)、岗格尔肖合力冰川(c)、团结峰冰川(e)冰川面积和冰储量变化和空间分布图(b、d、f)

7.2　最大积雪深度

1961—2022 年，祁连山公家公园平均最大积雪深度总体变化趋势不明显，但阶段性变化明显，20 世纪 70 年代以前最大积雪深度呈增加趋势，20 世纪 70—80 年代初呈减小趋势、80 年代中期至 20 世纪末呈增加趋势，进入 21 世纪呈略微增加趋势，增加率为0.1 cm·(10 a)$^{-1}$。2022 年祁连山国家公园平均最大积雪深度为 8.5 cm，较常年增加 1.1 cm(图 7.2)。

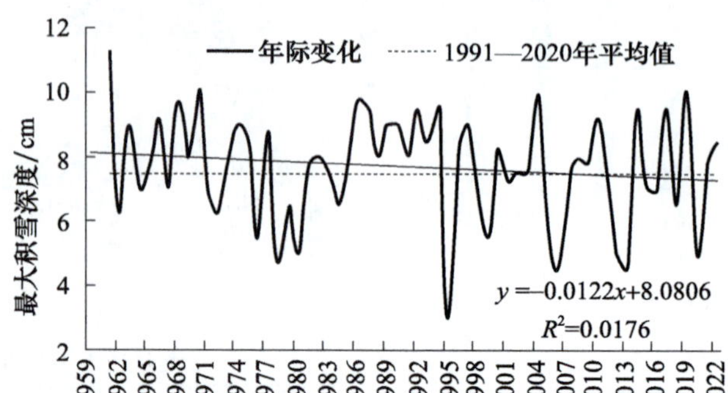

图 7.2　1961—2022 年祁连山国家公园最大积雪深度变化

7.3　年最大冻土深度

1981—2022 年，祁连山国家公园平均最大冻土深度呈波动性减小趋势，平均每 10 a 减小 5.2 cm，尤其是 2017 年以来最大冻土深度持续偏小，2017—2022 年平均冻土最大深度较 1981—2016 年平均偏小 19.3 cm。2022 年祁连山国家公园平均最大冻土深度 180.3 cm，与常年持平(图 7.3)。

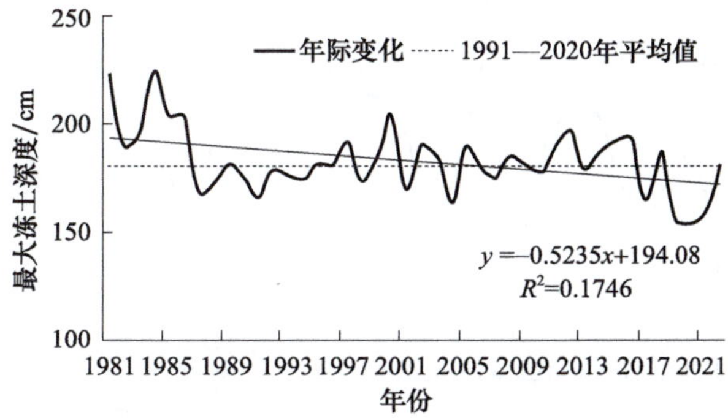

图 7.3　1981—2022 年祁连山国家公园最大冻土深度变化

7.4　植被覆盖度

2000—2022 年，祁连山国家公园植被覆盖度呈波动增大趋势，平均每年增大 0.36%。园区植被主要以中覆盖度为主，高植被覆盖度零星分布在祁连山国家公园东南部，而祁连山国家公园西部主要是低覆盖度分布区（图 7.4）。2022 年祁连山国家公园平均植被覆盖度为 32%，较 2000—2020 年平均偏高 2.6%。

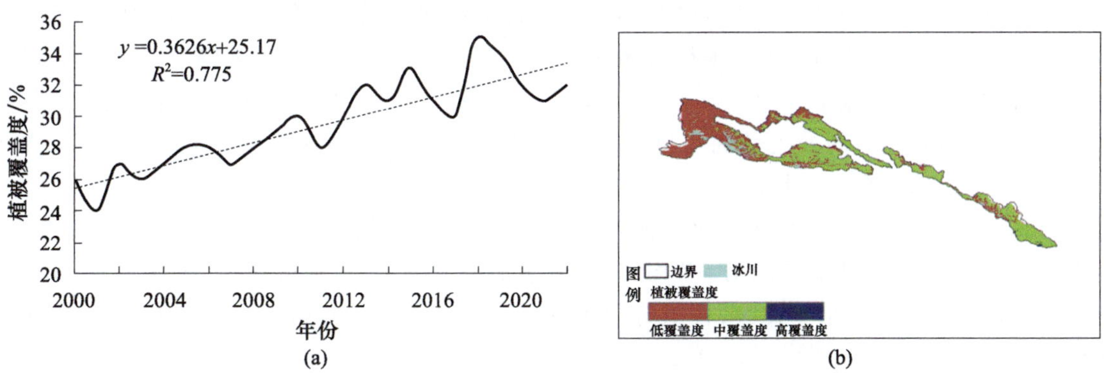

图 7.4　2000—2022 年祁连山国家公园植被覆盖度变化（a）和空间分布图（b）

7.5　植被固碳量

2000—2022 年，祁连山国家公园植被固碳量呈波动增加趋势，平均每年增加 0.62 $\mathrm{gC \cdot m^{-2} \cdot a^{-1}}$，其中 2000—2005 年变化趋势不明显，2005 年以后呈明显增加趋势，2017 年总碳储量最大，为 132.24 $\mathrm{gC \cdot m^{-2} \cdot a^{-1}}$（图 7.5）。2022 年祁连山国家公园植被固碳量为 128.39 $\mathrm{gC \cdot m^{-2} \cdot a^{-1}}$，较 2000—2020 年平均偏高 11.11 $\mathrm{gC \cdot m^{-2} \cdot a^{-1}}$。

祁连山国家公园各地植被固碳量空间分布有所不同，碳汇区主要分布在祁连山国家公园中东部地区，面积约为 1.3 万 $\mathrm{km^2}$，占总面积的 82.27%；碳源区主要分布在祁连山国家公园西部地区，面积约为 0.28 万 $\mathrm{km^2}$，占总面积的 0.18%。

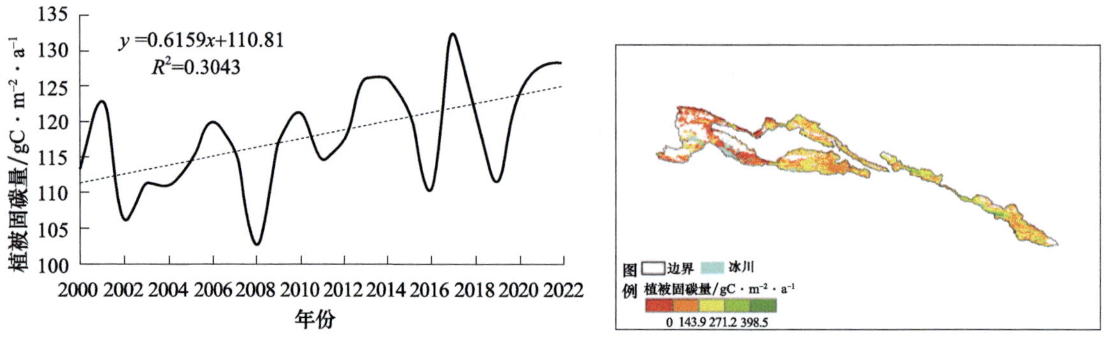

图 7.5　2000—2022 年祁连山国家公园植被固碳量变化(a)和空间分布图(b)

7.6　河流流量

祁连山国家公园河流流量主要以大通河流域尕大滩水文站和黑河流域莺落峡水文站为主。1961—2022 年尕大滩水文站年平均径流量为 51.4 $m^3 \cdot s^{-1}$，总体呈较微弱的增加趋势，平均每 10 a 增加 1.25 $m^3 \cdot s^{-1}$。年径流量年际变化较大，最大值出现在 1989 年，为 92.6 $m^3 \cdot s^{-1}$，较常年偏多 81.1%；较小值出现的年份多且分散，分别为 1973 年、1979 年、2000 年和 2001 年等，其中 1979 年径流量最小，为 27.1 $m^3 \cdot s^{-1}$，较常年偏少 47.0%。2022 年尕大滩水文站平均流量为 69.5 $m^3 \cdot s^{-1}$，较常年偏多 35.9%(图 7.6a)。大通河的月平均流量年内分配不均，随时间变化呈现明显的“几”字单峰变化，7 月份流量达到高峰，流量主要集中在 5—10 月，约占全年流量的 87.81%(图 7.6b)。

1981—2022 年莺落峡水文站年径流量在 12.85～23.31 亿 m^3，从历年年径流量变化看，莺落峡年径流量整体呈增加趋势，平均每 10 a 增加 1.0 亿 m^3(图 7.6c)。1991 年、1992 年、1994 年和 2001 年为偏枯年，其余各年份均为平年以上，尤其 2007 年以来，有 11 个年份为丰水年。

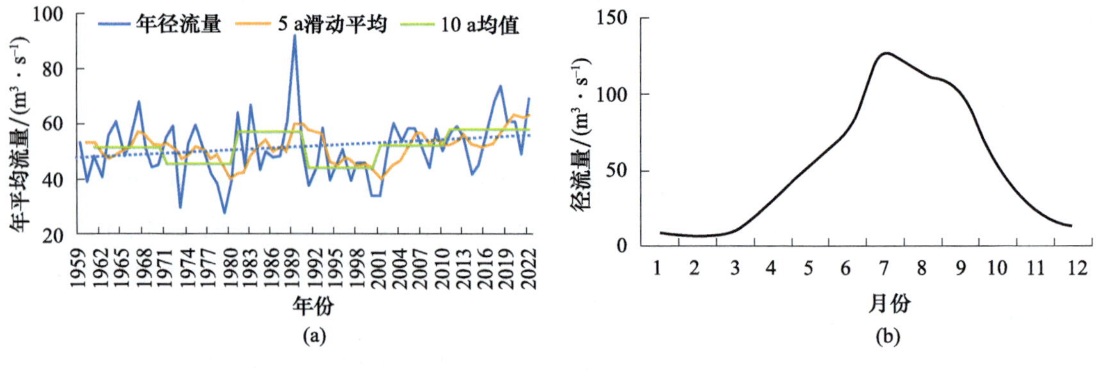

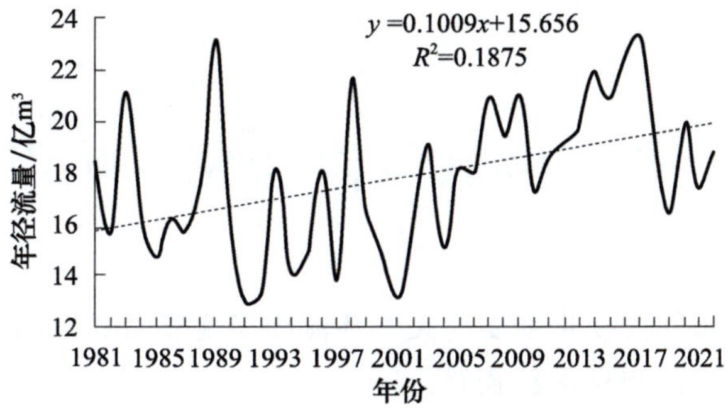

(c)

图 7.6　1961—2022 年尕大滩水文站年平均径流量(a)、各月平均径流量(b)和 1981—2022 年莺落峡水文站年径流量(c)变化

第 8 章　区域气候变化影响因子

影响祁连山国家公园气候变化主要的大气环流因子为青藏高原高度场、冬季北极涛动、夏季西太平洋副热带高压脊线和夏季新疆脊。

青藏高原高度场、冬季北极涛动、夏季西太平洋副热带高压脊线对祁连山国家公园气候变化的影响同三江源国家公园一致。本章主要介绍夏季新疆脊对祁连山国家公园的影响。

夏季青藏高原北部降水的发展、演变和减弱与同期 500 hPa 新疆脊活动有着密切的关系。1961—2022 年，夏季新疆脊指数主要表现为明显的偏高趋势，1965—2017 年，夏季新疆脊长期处于偏强的状态，20 世纪 90 年代之前的偏强幅度比 20 世纪 90 年代之后的要大，20 世纪 90 年代之后负值频率有所增加。1990 年夏季新疆脊指数 56.25，为 62 a 以来最强，2018—2022 年的夏季新疆脊持续偏弱(图 8.1)。

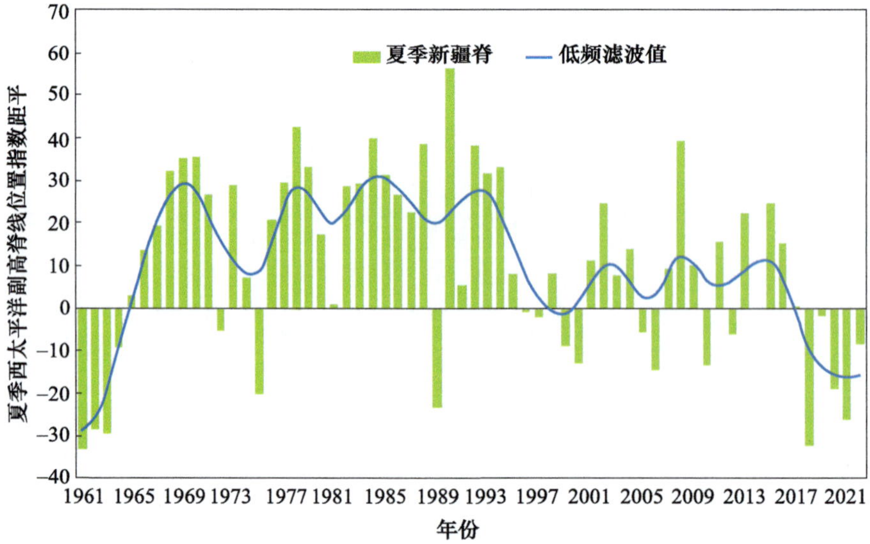

图 8.1　1961—2022 年夏季新疆脊指数距平变化